0.4kV 配电网不停电作业

培训教材

基础知识

国家电网有限公司设备管理部 编

中国电力出版社
CHINA ELECTRIC POWER PRESS

内 容 提 要

2018 年，国家电网有限公司设备管理部在 0.4kV 配电网不停电作业试点工作的基础上，总结交流了其作业方法和作业工具，从安全实用角度凝炼了四类 19 项 0.4kV 配电网不停电作业推广项目，确定了推广 0.4kV 配电网不停电作业原则和推广项目开发细则。基于此，国家电网有限公司设备管理部组织编写了《0.4kV 配电网不停电作业培训教材》丛书，包括《基础知识》和《作业方法（带二维码）》两个分册，该丛书是 0.4kV 配电网不停电作业推广工作的重要支撑之一。

本书是《0.4kV 配电网不停电作业培训教材　基础知识》分册，共包括低压配电网不停电作业基本原理、低压配电线路和设备基础知识、低压配电网不停电作业工具及装备、低压配电网不停电作业典型案例四章。

本书可作为 0.4kV 配电网不停电作业人员的培训教材，可供从事配电网不停电作业管理人员、运行维护的技术与技能人员学习使用，也可供相关设备生产厂家参考。

图书在版编目（CIP）数据

0.4kV 配电网不停电作业培训教材：基础知识 / 国家电网有限公司设备管理部编 . —北京：中国电力出版社，2020.6（2025.6 重印）
ISBN 978-7-5198-4257-4

Ⅰ . ①0… Ⅱ . ①国… Ⅲ . ①配电线路–带电作业–技术培训–教材　Ⅳ . ①TM726

中国版本图书馆 CIP 数据核字（2020）第 020210 号

出版发行：中国电力出版社
地　　址：北京市东城区北京站西街 19 号（邮政编码 100005）
网　　址：http://www.cepp.sgcc.com.cn
责任编辑：罗翠兰　邓慧都
责任校对：黄　蓓　朱丽芳
装帧设计：张俊霞
责任印制：石　雷

印　　刷：三河市万龙印装有限公司
版　　次：2020 年 6 月第一版
印　　次：2025 年 6 月北京第七次印刷
开　　本：787 毫米×1092 毫米　16 开本
印　　张：11
字　　数：236 千字
印　　数：27001—28000 册
定　　价：72.00 元

编 委 会

随着配电网改造工程进程的加速，0.4kV 配电网检修工作量逐步增大，开展 0.4kV 配电网不停电作业，有利于缓解配电网检修给电力用户带来的用电影响，可有效提高用户供电可靠性和电力服务质量，保障系统安全、稳定运行。2018 年 4 月，国家电网有限公司运维检修部组织召开 0.4kV 配电网不停电作业试点工作启动会，对 0.4kV 配电网不停电作业试点项目进行了讨论，根据当前 0.4kV 配电网不停电作业的实际情况，以实现 0.4kV 配电网不停电作业安全开展、持续提高配电网供电可靠性为目标，将中压配电网不停电作业方法拓展至低压配电网，并结合低压线路特点完善工具装备，建立标准规范，开展现场试点，解决低压线路检修影响服务质量问题，拓展不停电作业适用电压等级，为 0.4kV 配电网不停电作业推广提供先行试点经验。2018 年 12 月，国家电网有限公司设备管理部组织召开 0.4kV 配电网不停电作业试点工作总结交流会，在试点工作的基础上总结交流了作业方法和作业工具，从安全实用角度凝练了四类 19 项 0.4kV 配电网不停电作业推广项目，确定了推广 0.4kV 配电网不停电作业原则和推广项目开发细则。基于此，国家电网有限公司设备管理部组织编写了《0.4kV 配电网不停电作业培训教材》丛书，包括《基础知识》和《作业方法（带二维码）》两个分册，该丛书是 0.4kV 配电网不停电作业推广工作的重要支撑之一。

本书是《0.4kV 配电网不停电作业培训教材　基础知识》分册，共包括四章内容。第一章为低压配电网不停电作业基本原理，介绍了 0.4kV 配电网不停电作业特点与基本原理，阐述了公司推广应用的四类 19 项作业项目；第二章为低压配电线路和设备基础知识，介绍了低压配电系统、低压架空线路、低压电缆线路、低压常用配电设备、计量装置、接地基础知识，阐述了低压配电线路常见故障及其处理方法；第三章为低压配电网不停电作业工具及装备，介绍了不停电作业中常用的不停电作业操作工具、防护用具、旁路作业装备、绝缘承载工具、常用仪器仪表，并阐述了试点中自行研发的部分低压不停电作业专用工器具；第四章为低压配电网不停电作业典型案例，阐述了三个典型项目现场作业方案、现场作业流程和关键作业步骤。

本书由国家电网有限公司设备管理部和中国电力科学研究院有限公司牵头，国网上海市电力公司、国网陕西省电力公司、国网河南省电力公司编写第一章；国网湖北省电力有限公司、国网江苏省电力有限公司、国网江西省电力有限公司、国网山东省电力公司、国网河北省电力有限公司编写第二章；国网浙江省电力有限公司、国网上海市电力公司、国网陕西省电力公司、国网辽宁省电力有限公司、国网天津市电力公司、国网山东省电力公司编写第三章；国网辽宁省电力有限公司、国网河南省电力公司、国网山东省电力公司、国网黑龙江省电力有限公司编写第四章。

由于编写人员水平有限，书中难免存在不足或疏漏之处，恳请广大读者批评指正。

编　者

2020 年 3 月

目　录

第一章

低压配电网不停电作业
基本原理

第一节　概　　述

配电网不停电作业，是以实现用户不中断供电为目的，采用带电作业、旁路作业等方式对配电网设备进行检修的作业方式，是国际先进企业的通行做法。0.4kV 配电网不停电作业，则是配电网不停电作业中对 0.4kV 低压线路、设备开展的作业，是为了达到用户不停电或少停电的目的，采用带电作业、旁路作业等多种作业方式对 0.4kV 配电设备进行检修的作业。

配电网不停电作业的提出，对于提升供电可靠性和优质服务水平具有更好的导向作用。带电作业强调的是一种作业方式和能力；不停电作业则强调的是作业目的和服务意识，包括带电作业、旁路作业和临时取电作业在内的各类不停电作业。

配电网检修作业方式从"以停电作业为主、带电作业为辅"向包括"带电作业、旁路作业和临时取电作业"在内的不停电作业方式的转变，历经了十几年的发展与变化。应该说，将不停电作业作为未来配电网运检技术发展的方向与中国配电网主流的检修作业方式，符合当今社会经济发展以及智能化配电网建设与发展的需要。大力发展和全面推广 0.4kV 配电网不停电作业势在必行。

一、0.4kV 配电网特点与功能

将电力系统中从降压配电变电站（高压配电变电站）出口到用户端的这一段系统称为配电系统。配电系统是由多种配电设备（或元件）和配电设施所组成的变换电压和直接向终端用户分配电能的一个电力网络系统。按照电压等级分，配电网可分为高压配电网（35～110kV）、中压配电网（10～20kV）、低压配电网（0.4kV）。通常所说的低压配电网即指 0.4kV 配电网，供应大部分的民用电与低压用户。

1. 网络结构复杂

配电网由架空线路、杆塔、电缆、配电变压器、开关设备、无功补偿电容等配电设备及附属设施组成，它在电力网中的主要作用是分配电能。配电网一般采用闭环设计、开环运行，其结构呈辐射状。采用闭环结构是为了提高运行的灵活性和供电可靠性；开环运行一方面是为了限制短路故障电流，防止断路器超出遮断容量发生爆炸，另一方面是控制故障波及范围，避免故障停电范围扩大。由于 0.4kV 配电网具有面向用户各种多样、地形复杂、设备类型多样、作业点多面广、安全环境相对较差等特点，因此配电网的安全风险因素也相对较多。0.4kV 配电网作为配电网的最后一环，结构复杂是其最重要的一个特点。

0.4kV 配电网结构多样，不同情况应用线路不同。0.4kV 配电网线路可分为低压架空线路、低压架空绝缘线路、低压电缆线路和室内配电线路四种。低压架空线路、低压架空绝缘线路和低压电缆线路一般用于室外，直接向室外用电设备和室内低压配电系统供电。室内配电线路包括工业与民用建筑物内接到各种用电设备的固定线路。

2. 线路环境复杂

由于 0.4kV 配电网通常直接接入终端用户，用户数量庞大且复杂，线路环境十分复杂，居民区、闹市、胡同、开阔的公共场合、农田，甚至有些线路会经过私人领域。线路作业区域不确定性很高，是否有上下层线路、植被覆盖程度、路况、遮挡物、干扰物、作业杆塔高度等都有非常大的不确定性，现场情况对实际作业要求很高。

二、0.4kV 与 10kV 不停电作业的不同之处

1. 装置类型不同

10kV 线路采用 A、B、C 三相三线制供电，0.4kV 采用 A、B、C、N 三相四线制供电为主，多了一根零线。在 10kV 不停电作业前，需要通过电杆上的标识牌分清 A、B、C 三相，而在 0.4kV 不停电作业前也是如此，需要分清火线、零线，并做好相序的记录和标记，选好工作位置。在地面辨别火、零线时，一般根据一些标志和排列方向、照明设备接线等进行辨认。初步确定火线、零线后，作业人员在工作前用验电器或低压试电笔进行测试，必要时可用电压表进行测量。

0.4kV 线路布设较 10kV 线路更加紧密，相间距离较 10kV 线路更小，因此作业空间也是需要作业人员注意的问题。不停电作业时由于空间狭小，带电体之间、带电体与地之间绝缘距离小，或由于作业时的错误动作，均可能引起触电事故。因此，不停电作业时，必须有专人监护；监护人应始终在工作现场，并对作业人员进行认真监护，随时纠正不正确的动作，发现作业人员有可能触及邻相带电体或接地体时，可及时提醒，以防造成触电事故。作业人员在作业时也要格外注意作业位置，减小动作幅度，避免相间或接地事故的发生。

2. 作业环境不同

0.4kV 线路电杆较 10kV 线路电杆低，抑或是与 10kV 线路同杆架设，布置在 10kV 线路下方。在城市电网中，0.4kV 线路经常会受到各类通信线路、路灯、指示牌、树木等影响，作业空间狭小，作业环境相较于 10kV 不停电作业更加复杂。

在 0.4kV 不停电作业中，采用绝缘斗臂车作为工作平台时，要格外注意绝缘斗臂车的停放位置。因为电杆低、作业空间狭小，在停放绝缘斗臂车时，一是要保证工作斗能避开各类障碍物，二是要保证绝缘臂能伸出有效绝缘长度。

在进行不停电作业前，工作票签发人或工作负责人应组织现场勘察并填写现场勘察记录。根据勘察结果判断是否进行作业，并确定作业方法、所需工具，以及应采取的措施。

3. 安全防护不同

不同的电压等级，对于作业人员的危害类型不同：对于 10kV 电压等级，不停电作业过程中主要防止电流伤害；0.4kV 电压等级较低，不停电作业过程中主要防止电弧伤害；两者绝缘防护的要求也不同。在 0.4kV 不停电作业中，使用的各类工器具和防护用具应与电压

等级相匹配，例如绝缘手套可以采用更加轻便的 00 级带电作业用绝缘手套；验电器选用 0.4kV 级。

另外，低压不停电作业中也要注意作业顺序。三相四线制线路正常情况下接有动力、家电及照明等各类单、三相负荷。当带电断开低压线时，如先断开了零线，则因各相负荷不平衡使该电源系统中性点出现较大数值的位移电压，造成零线带电，断开时将会产生电弧，亦相当于带电断负荷的情形。所以应严格执行规程规定，当带电断开线路时，应先断火线后断零线，接通时则应先接零线后接火线。切断火线时，必须戴护目镜，使用长手柄的断线钳，并有防止弧光相间短路的措施。

第二节　不停电作业基本原理

一、带电作业的概念

实践表明：在带电区域内工作，由于电流、静电感应和电场等对人体的伤害，将直接危及作业人员的生命安全。为了确保带电作业人员的安全，必须给进入带电区域内工作的人员提供安全可靠的作业环境和防护措施，把人身安全保障放在首要位置，这是安全地开展带电作业工作的前提与基础。开展带电作业工作，必须对作业人员要求"全员接受培训、全员持证上岗"，包括工作票签发人、工作负责人和专责监护人。在 GB/T 14286－2008《带电作业工具设备术语》中，带电作业区域（安全区域或保护区域），是指"限制无带电作业或维护资格的工作人员进入带电部分周围的空间，有利于注意采取特殊预防措施以确保电气安全"。按照《国家电网公司电力安全工作规程（配电部分）（试行）》第 9.1.2 条的规定："参加带电作业的人员，应经专门培训，考试合格取得资格、单位批准后，方可参加相应的作业。带电作业工作票签发人和工作负责人、专责监护人应由具有带电作业资格和实践经验的人员担任。"

二、带电作业中有关电场、静电感应和电介质放电的概念

1. 电场的概念

电场是带电体（电荷）的周围空间存在着的一种特殊物质。只要有电荷，其周围就有电场，通过电磁感应就可能对人体或设备带电。不同的带电体周围有不同的电场，包括均匀电场与不均匀电场，如图 1－1 所示。在均匀电场中，各点的电场强度的大小和方向都相同，如图 1－1（e）所示平板电容器中间部分的电场即为均匀电场。

2. 静电感应的概念

当一个不带电的导体接近一个带电体时，靠近带电体的一侧，会感应出与带电体极性相反的电荷，而背离带电体的另一侧，则会感应出与带电体极性相同的电荷，这种现象称为静电感应。根据电学的基本原理可知，静电感应存在于静电场中。而带电作业中的工频

交流电场是一种变化缓慢的电场，可以视为静电场。因此，带电作业人员在电场中工作时，可能会因静电感应而遭受到电击。

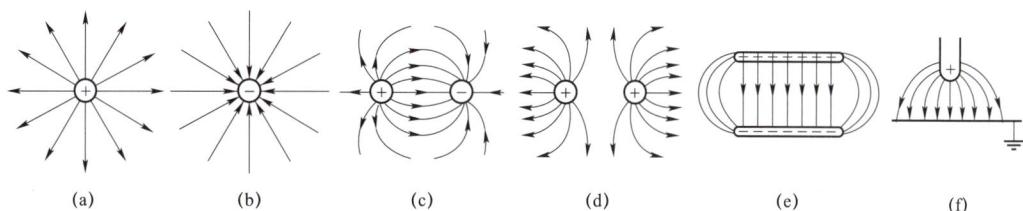

图 1-1　几种常见带电体的电场

（a）、（b）正、负点电荷的电场；（c）两个等量异种点电荷的电场；（d）两个等量同种点电荷的电场；
（e）两个带异种电荷的平行金属板间的电场；（f）带正电直导线与大地之间的电场

（1）人体对地绝缘时遭受的静电感应。图 1-2（a）所示为人体对地绝缘时的工况。由于人体电阻较小，在强电场中人体可视为导体。当人体对地绝缘时，因静电感应使人体处于某一电位（也即在人体与地之间产生一定的感应电压）。此时，如果人体的暴露部位（例如人手）触及接地体时，人体上的感应电荷将通过接触点对接地体放电，通常把这个现象称为电击。当放电的能量达到一定数值时，就会使人产生刺痛感。穿绝缘鞋的作业人员在攀登线路杆塔窗口时就属于这种工况，由于离带电导线较近，人体上的感应电荷较多，如果用手触摸塔身，手上就会产生放电刺痛感。

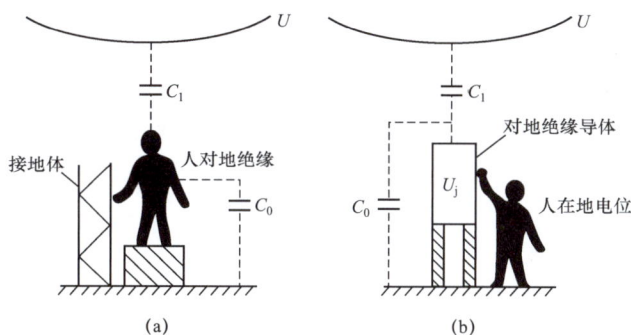

图 1-2　静电感应使人体遭受电击的两种情况

（a）人体对地绝缘时；（b）人体处于地电位时

（2）人体处于地电位时遭受的静电感应。图 1-2（b）所示为人体处于地电位时的工况。这种情况下，对地绝缘的金属物体在电场中因静电感应而积聚一定量的电荷，并使其处于某一电位。此时，如果处于地电位的作业人员用手去触摸金属体，金属体上积聚的电荷将会通过人体对地放电，当放电电流达到一定数值时，同样会使人遭受电击。因此，处于地电位的作业人员在带电作业时，要时刻注意不要触及对地绝缘的金属部件。

3. 空气电介质放电

气体这种电介质由绝缘状态突变为良导电状态的过程，称为空气击穿（或放电）。处于正常状态并隔绝各种外电离因素作用的空气是完全不导电的。通常空气中总有少量带电质点，如大气中就总存在少量的正、负离子（气体分子带电后称为离子，根据带正电或负电而相应称为正离子或负离子）。在电场作用下，这些带电质点沿电场力方向运动造成电导电流，所以空气通常并不是理想绝缘介质。由于带电质点极少，空气的电导极小，仍为优良的绝缘体。

发生击穿的最低临界电压称为击穿电压。均匀电场中击穿电压与间隙距离之比称为击穿场强，它反映了气体、固体等绝缘介质耐受电场作用的能力。带电作业中，作业人员周围环境就是一个空气绝缘的电场。为了保证作业人员的人身安全，必须严格控制和保证可能导致对人体直接放电的那段空气间隙（安全距离）要足够大，目的就是为了防止发生空气放电。影响空气放电的因素很多，例如电场的均匀程度（由电极形状和间隙距离决定），间隙上所加电压的波形、湿度、温度等。

4. 沿面放电

沿面放电是指沿着固体介质表面所进行的气体放电。如在带电作业中，带电作业工具和空气的交界面上出现放电现象就是沿面放电。沿面放电发展成贯穿性的空气击穿称为闪络。沿面放电是一种气体放电现象，沿面闪络电压比气体或固体单独存在时的击穿电压都低。

5. 固体电介质放电

在强电场作用下，固体电介质丧失电绝缘能力而由绝缘状态突变为良导电状态，称为固体电介质放电。发生击穿时的临界电压称为电介质的击穿电压，相应的电场强度称为电介质的击穿强度。与气体介质相比，固体电介质的击穿场强较高。需要注意的是：气体介质击穿表现为火花放电，外加电场一消失，气体会自恢复绝缘性能，即空气电介质是一种自恢复绝缘（破坏性放电后能完全恢复起绝缘性能的绝缘）；而固体电介质击穿是不可逆的，是不可自恢复原来的绝缘性能，将永久丧失绝缘性能，如常用的环氧玻璃纤维绝缘材料就是一种非自恢复绝缘（破坏性放电后即丧失或不能完全恢复起绝缘性能的绝缘）。这是由于固体电介质击穿后，通过介质的电流剧烈地增加，有强大的电流通过，使固体电介质击穿后留下不能恢复的痕迹，如烧焦或熔化的通道、裂缝等，即使去掉外施电压，也不会像气体电介质那样能自行恢复绝缘性能。

6. 固体电介质局部放电和不均匀电介质的击穿

在含有气体（如气隙或气泡）或液体（如油膜）的固体电介质中，当击穿强度较低的气体或液体中的局部电场强度达到其击穿场强时，这部分气体或液体开始放电会使电介质发生不贯穿电极的局部击穿，这就是局部放电现象。这种放电虽然不立即形成贯穿性通道，但长期的局部放电会使电介质的劣化损伤逐步扩大，导致整个电介质击穿。不均匀电介质击穿是指包括固体、液体或气体组合构成的绝缘结构中的一种击穿形式。与单一均匀材料的击穿不同，击穿往往是从耐电强度低的气体开始，表现为局部放电，然后或快或慢地随时间发展，固体介质劣化损伤逐步扩大，致使介质击穿。

三、带电作业中电对人体的作用及其安全防护

在带电作业区域内工作，由于电对作业人员的作用主要表现为：电流、静电感应和电场的危害等，所对应的安全防护就有电流、静电感应和电场的防护等。在配电线路带电作业中，电场防护可以不考虑（电场场强较低），重点是电流的防护（防止人体触电），以及保证不对人体放电的那段空气间隙（安全距离）要足够大等。

1. 电流的危害及其防护

人体的不同部位同时接触了有电位差（相对地之间或相与相之间）的带电体时，而产生的电流（包括阻性电流和容性电流）的伤害。如人体站在地面上，如果直接接触高于地电位的带电导线就会形成一个闭合回路，于是就会有一个电流流过人体，即触电，带电作业中人体触电的方式主要有单相触电（单相接地）或两相触电（相间短路）等。

（1）单相触电（单相接地），是指人体接触到地面或其他接地导体的同时，人体另一部位触及某一相带电体所引起的电击。发生电击时，所触及的带电体为正常运行的带电体时，称为直接接触电击。而当用电设备发生事故（例如绝缘损坏，造成设备外壳意外带电的情况下），人体触及意外带电体所发生的电击称为间接接触电击。

（2）两相触电（相间短路），是指人体的两个部位同时触及两相带电体所引起的电击。两相触电不论电网是否中性点接地，也不论人体与大地是否绝缘，触电的情形都一样。在此情况下，人体同时与两相导线接触时，人体所承受的电压为三相系统中的线电压，即电流将从一相导线通过人体流至另一相导体，这种情况的危险性非常大。这种电击情况下流过人体的电流完全取决于与电流流过途径相对应的人体电阻和电网的线电压。因此两相触电时流过人体电流要比单极接触时严重得多，危险性也大得多。

无数次对触电事故的分析和在动物及人体上进行的真实试验表明：流经人体的电流只要低于某一个水平，人体根本不会感到有电流存在，即人体对电流有一定的耐受能力。因此，在带电作业中，对电流的防护主要是严格限制流经人体的稳态电流不超过人体的感知水平 1mA（1000μA）、暂态电击不超过人体的感知水平 0.1mJ。同时，还应特别注意的是：绝缘材料在内、外因素影响下，也会使通道流过一定的电流，习惯上把这种电流称之为泄漏电流。泄漏电流超标后也是一种对人体伤害比较严重的电流，尤其是经绝缘体表面通过的沿面电流。带电作业遇到的泄漏电流，主要是指沿绝缘工具（包括绝缘操作杆和承力工具）表面流过的电流。

2. 电弧的危害及其防护

电弧是大量电流流过空气，呈现弧状白光并产生高温的放电现象。电弧放电的特点是电压不高、电流较大，可产生几千甚至上万摄氏度的高温，如图 1-3 所示。电弧点燃时，周围空气被电离，产生耀眼的弧

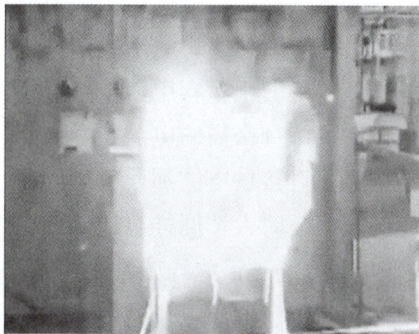

图 1-3 低压故障电弧

光，其实质是气体等离子体燃烧过程。电弧放电过程中伴随巨大的光学辐射，由光谱分析可知，电弧光的能量主要集中在 300～400nm 的紫外光波段和 400～700nm 的可见光波段，可能对人体皮肤和眼睛造成伤害。

（1）电弧对人体的安全风险。

相间或相地短路产生电弧释放巨大的能量，进而对附近的工作人员造成严重的伤害。例如触电伤害会侵害人的肌肉、神经；电弧燃烧产生的热辐射会使人的皮肤严重烧伤，强烈的闪光会刺伤眼睛造成暂时性失明，爆破性的声音会造成人的耳膜、内脏振损，电弧燃烧所产生的有毒气体会伤害人的呼吸系统等。

（2）电弧对设备的安全风险。

电弧的产生是空气中高阻抗电流放电的过程，通常伴随着巨大的光能和热能释放。在一条短时耐受电流为 25kA、电弧电压约为 600V 的 20kV 电力系统中，故障电弧释放的能量为 40.5MJ。这一能量能在 1s 内使 15.6L 水蒸发掉，或使 42kg 的铁熔化。高温对空气加热而膨胀，而铜排气化时，体积膨胀可达 67000 倍，从而使低压柜内压力急骤上升，所产生的爆破压可造成开关柜盘体变形甚至破碎。此外，电弧燃烧产生的爆破音也会造成机柜内部强烈振动致使固定元件松脱。电弧光加热空气产生的巨大压力可以折断配电板上 10mm 直径的螺栓。电弧火灾在没有灭弧保护的情况下，通常可以直接熔毁开关柜或一整套机组，使其无法修复。电弧故障还可能波及站用系统，从而形成系统性故障，造成巨大的直接和间接经济损失。

由此可见，低压配电网不停电作业对作业人员和设备可能产生的电弧危害都非常大。1997 年瑞典尽管已经建立了非常完善的安全管理制度，但依然公布了 48 起电弧事故，其中三分之一发生在配电网络；英国在 1987～1998 年间共接到 10 起死亡、727 起重伤以及 1197 起轻伤的低压线路检修事故报告，大部分由电弧引起。因此，需要在分析 0.4kV 配电网不停电作业可能遭遇的电弧，确定不停电作业各工况下的典型电弧参数的基础上，为作业人员合理配置个人电弧防护用品，避免、降低电弧所造成的伤害。

3. 静电感应和电场的危害及其防护

静电感应和电场的危害主要表现为：① 人在带电体附近工作时，由于电场的静电感应而对人的身体或精神上产生的风吹、针刺等不舒适之感，以及静电感应产生的暂态电击的伤害；② 在强电场下的沿绝缘工具表面闪络放电或相对地的空气间隙击穿放电的伤害，这种气体放电的电弧和电流与绝缘工具的泄漏电流相比，其危害程度要严重得多。因此，带电作业除进行必需的电流、静电感应和电场的安全防护外，还必须严格控制和保证可能导致对人体直接放电的那段空气间隙（安全距离）要足够大，否则将形成放电回路（接地和相间短路）对人体同样会造成致命的危害，即空气间隙击穿放电产生的电弧和电流的伤害（包括强电场下沿绝缘工具表面闪络放电）。

在静电感应和电场防护方面，需要特别说明的是：绝缘工具置于空气之中以及人体与带电体之间充满着空气，在强电场的作用下，沿绝缘工具表面闪络放电或空气间隙击穿放电，也是造成人身弧光触电伤害的一条途径。因此，强电场防护必须注意以下两点要求：一是人体体表局部场强不超过人体的感知水平 240kV/m；二是与带电体（或接地体）保持规定的安全距离（空气间隙）。

四、绝缘杆作业原理

绝缘杆作业法（也称为间接作业法），按照 GB/T 14286—2008《带电作业工具设备术语》对"绝缘杆作业法"的定义为：作业人员与带电部分保持一定距离，用绝缘工具进行作业。

如图 1-4 所示，采用登杆工具（脚扣）进行绝缘杆作业法作业时，杆上作业人员与带电体的关系是：带电体→绝缘杆→作业人员→大地（杆塔）。通过人体的电流有两个回路：一是在相与地之间，绝缘杆为主绝缘，由带电体→绝缘杆→人体→大地（杆塔），构成泄漏电流回路；二是在相与相之间，空气间隙为主绝缘，由带电体→空气间隙→人体→大地（杆塔），构成电容电流回路。等效电路如图 1-4（c）所示。

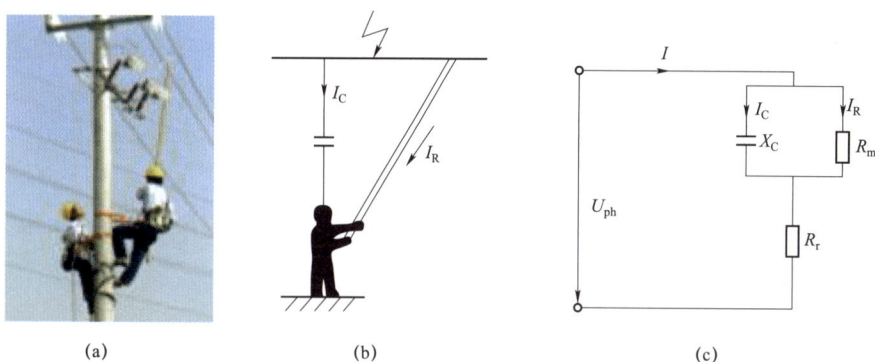

图 1-4　绝缘杆作业法
（a）现场作业图；（b）示意图；（c）等效电路

针对绝缘杆作业法需要强调的是：

（1）当采用登杆工具（脚扣）进行绝缘杆作业法作业时，作业人员远离带电体，中间依靠绝缘工具作为主绝缘，带电的相导线才不至于通过击穿空气间隙对人体放电。同时，由于配电线路作业空间狭小，作业人员还必须正确穿戴个人绝缘防护用具，对作业区域的带电导线、绝缘子以及接地构件（如横担）等采取必要的相对地、相与相之间的绝缘遮蔽（隔离）措施，才能有效保证作业人员的安全，不发生人体串入电路形成接地或相间短路以及空气间隙不足造成的触电伤害。

（2）采用绝缘杆作业法作业时，空气间隙（安全距离）在间接带电作业中起着天然屏障的作用，失去它的保护将是非常危险的。当安全距离不能得到有效保证时，作业人员应正确穿戴个人绝缘防护用具，用绝缘操作杆按照"从近到远、从下到上"的遮蔽原则对作业范围内不能满足安全距离的带电体和接地体设置绝缘遮蔽（隔离）措施。

（3）当采用登杆工具（脚扣）进行绝缘杆作业法作业时，在相与地之间，绝缘工具起主绝缘作用，相与相之间，空气间隙起主绝缘作用，而绝缘遮蔽（隔离）用具和个人防护用具起辅助绝缘作用，分别组成相地、相间的纵向和横向绝缘防护，避免因人体动作幅度过大造成空气间隙不足对人体的触电伤害，但仍然要求穿绝缘鞋构成多重防护。

（4）绝缘杆作业法既可在登杆（图1-4）中采用，也可在绝缘斗臂车、绝缘平台和绝缘快装脚手架上采用。采用绝缘斗臂车作业时，绝缘杆和绝缘臂形成组合绝缘起到主绝缘保护作用；采用绝缘平台（包括绝缘快装脚手架）作业时，绝缘平台与绝缘杆形成组合绝缘起主绝缘保护作用；在相与相之间，空气间隙起到主绝缘作用，绝缘遮蔽（隔离）用具和个人绝缘防护用具形成后备防护，以防止作业人员串入电路以及因安全距离不足造成的触电伤害。

（5）绝缘杆作业法是通过绝缘工具来间接完成其预定的工作目标，基本的操作有支、拉、紧、吊等，它们的配合使用是其主要的作业手段。

五、绝缘手套作业原理

0.4kV 与 10kV 绝缘手套作业原理的不同之处在于 10kV 绝缘手套层间绝缘强度不足抵御系统过电压。作业过程中，绝缘手套只能作为辅助绝缘，与绝缘鞋、绝缘披肩、绝缘安全帽、绝缘斗、绝缘臂共同构成多重绝缘组合，而且必须有绝缘臂作为主绝缘。

0.4kV 绝缘手套层间绝缘强度远远大于系统过电压，可以视为主绝缘，但必须至少有绝缘鞋构成双重防护。例如：绝缘手套+绝缘鞋、绝缘杆+绝缘鞋、绝缘手套+绝缘垫，只能增加防护措施，不能减少。

当使用 0.4kV 低压综合抢修车进行 0.4kV 绝缘手套作业时，由于作业人员身体往往是贴紧在操作斗内壁的，此时若操作斗是导体材料，则绝缘鞋就失去了绝缘防护功能，因此，必须要求 0.4kV 低压综合抢修车的操作斗为绝缘斗，才能对人体构成双重防护。

对于电弧伤害防护措施，架空线路相对于盘、柜设备来说，空间结构较大，所以，0.4kV 架空线路带电作业按照最低要求穿防电弧服、戴护目镜；盘、柜设备的带电作业由于结构空间狭小，首先满足绝缘要求，但应穿防电弧服、戴防电弧面罩（或防电弧头套），防电弧措施应结合具体情况而定。

绝缘手套作业法（也称为直接作业法），按照 GB/T 14286—2008《带电作业工具设备术语》对"绝缘手套作业"的定义为：作业人员通过绝缘手套并与周围不同电位适当隔离保护的直接接触带电体所进行的作业。

如图1-5所示，作业人员戴着绝缘手套直接接触带电体进行作业操作，要比绝缘杆作业法（间接作业法）来得便捷和高效。但是，采用绝缘手套作业法作业时，同样是由于作业空间狭小，并且是带电区域内工作，作业人员不仅要正确穿戴个人绝缘防护用具，而且还要对作业区域的带电导线、绝缘子以及接地构件（如横担）等应采取相对地、相与相之间的绝缘遮蔽（隔离）措施，才能确保作业人员的安全。

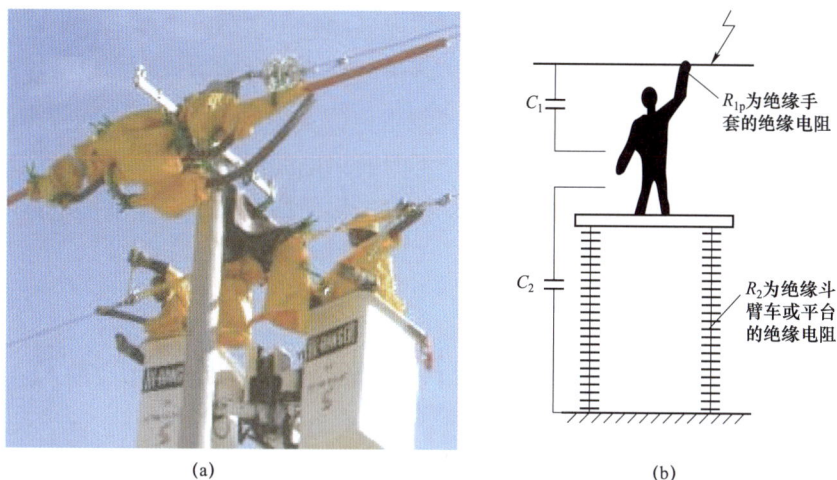

图 1-5 采用绝缘斗臂车或绝缘平台的绝缘手套作业法
（a）现场作业；（b）示意图

由图可知，通过人体的电流的大小主要取决于绝缘斗臂车（绝缘平台）或其他主绝缘措施的绝缘电阻 R_2 的大小。保证绝缘斗臂车（绝缘平台）、其他主绝缘措施具有可靠的绝缘性能，是进行绝缘手套作业法作业的先决条件，对作业人员的安全担负着非常重要的绝缘保护作用。

采用绝缘手套作业法作业时，虽然在相对地之间，绝缘斗臂车（绝缘平台）或其他主绝缘措施可以起到主绝缘保护的作用，但当作业人员在带电区域内工作时，仍会在相对地之间形成接地回路：带电体（导线）→人体→接地体（如横担等）；在相与相之间形成相间短路回路：带电体（导线）→人体→邻相带电体（导线）。在这些触电回路中，对人体起到主绝缘保护作用的是人与带电体或接地体间的空气间隙（安全距离）。因此，为了防止人体串入电路形成接地或相间短路以及空气间隙击穿对人体造成的触电伤害，作业人员应正确穿戴个人绝缘防护用具和设置绝缘遮蔽（隔离）措施，以及作业人员"远离"带电体和接地体，对接地体（如电杆、横担等）及邻相带电体（导线）保持必需的安全距离，若安全距离不能得到有效保证时，作业人员应按照"从近到远、从下到上"的原则，依次对作业中可能触及的带电体、接地体设置绝缘遮蔽（隔离）措施，拆除时顺序相反。

六、综合不停电作业原理

综合不停电作业法，是国家电网公司在其组织编写的企业标准 Q/GDW 10520—2016《10kV 配网不停电作业规范》中提出的。在架空配电线路带电作业中，除采用绝缘杆作业法、绝缘手套作业法带电作业外，可综合利用绝缘杆作业法、绝缘手套作业法以及旁路电缆或旁路作业车、移动箱变车、移动电源车等旁路设备实施不停电作业。其中，目前开展的第四类综合不停电作业项目，如"旁路作业检修架空线路以及不停电更换柱上变压器"等，是一项提高配电网供电可靠性的新型带电作业项目，其作业原理是：通过旁路柔性电缆、快速连接电缆接头和旁路负荷开关等，在现场构建一条临时旁路电缆供电系统，跨接故障或待检修线路段，通过旁路负荷开关，将用电负荷转移到临时旁路供电线路向用户不间断供电，以及通过 T 形接头同时向用户支线供电，这种作业方式称之为旁路作业，即通过构建的旁路电缆供电系统，在保持对用户不间断供电的情况下，完成待检修设备停电检修工作，包括计划检修、故障抢修和设备更换等工作，最大限度地缩小停电范围、降低停电对用户的影响。

第三节　0.4kV 配电网不停电作业项目分类

结合低压配电网设备现场工作需求和根据作业的对象设备分类，可将 0.4kV 不停电作业分为架空线路、电缆线路、配电房和低压用户终端四类作业，如表 1-1 所示。

表 1-1　　　　　0.4kV 低压不停电作业推广项目及其类别

序号	项目类别	作 业 项 目	推广范围
1	架空线路作业	0.4kV 配网带电简单消缺	公司系统
2		0.4kV 带电安装低压接地环	公司系统
3		0.4kV 带电断低压接户线引线	公司系统
4		0.4kV 带电接低压接户线引线	公司系统
5		0.4kV 带电断分支线路引线	公司系统
6		0.4kV 带电接分支线路引线	公司系统
7		0.4kV 带电断耐张引线	公司系统
8		0.4kV 带电接耐张引线	公司系统
9		0.4kV 带负荷处理线夹发热	公司系统
10		0.4kV 带电更换直线杆绝缘子	公司系统
11		0.4kV 旁路作业加装智能配变终端	江苏
12	电缆线路作业	0.4kV 带电断低压空载电缆引线	公司系统
13		0.4kV 带电接低压空载电缆引线	公司系统
14	配电柜（房）作业	0.4kV 低压配电柜（房）带电更换低压开关	公司系统
15		0.4kV 低压配电柜（房）带电加装智能配变终端	山东
16		0.4kV 带电更换配电柜电容器	公司系统
17		0.4kV 低压配电柜（房）带电新增用户出线	公司系统
18	低压用户作业	0.4kV 临时电源供电	公司系统
19		0.4kV 架空线路（配电柜）临时取电向配电柜供电	公司系统

一是架空线路作业。架空线路作业是指在低压架空线路不停电的情况下进行不停电作

业，包括简单消缺、接户线及线路引线断接操作、低压线路设备安装更换等，解决低压架空线路检修造成用户停电问题。

二是电缆线路作业。电缆线路作业指在低压电缆线路上开展低压电缆线路不停电作业，包括断接空载电缆引线、更换电缆分支箱等，解决低压电缆线路检修造成用户长时间停电问题。

三是配电柜（房）作业。配电柜（房）作业是针对低压配电房内常见的柜内异物、熔丝烧断、设备损坏等问题，在低压配电房内开展不停电作业，包括配电柜消缺、配电房母排绝缘遮蔽维护、更换设备等，解决低压配电房检修造成用户大面积、长时间停电问题。

四是低压用户作业。低压用户作业是针对低压用户临时取电和电表更换需求，在低压用户终端开展不停电作业，包括发电车低压侧临时取电、直接式或带互感器电度表更换等，解决用户停电时间长的问题，增加用户保电技术手段。

第二章

低压配电线路和设备
基础知识

第一节　低压配电网基础知识

一、低压配电系统

配电系统是由配电开关站、配电站、箱式变电站、柱上变压器、柱上开关、电缆分支箱、计量表箱、中低压配电线路（20kV、10kV、6kV、220V/380V 电压等级）及附属设施和相应的控制保护设备组成。低压配电系统是指从配电变压器（配电站、箱式变电站、柱上变压器等）低压侧至用户计量箱以上低压设备、低压线路及其附属设施，其电压等级一般为 380/220V。

1. 低压配电系统的配电要求

（1）可靠性要求。低压配电线路应当满足用户对供电可靠性的要求。根据用户对供电可靠性的要求及中断供电后在安全、政治、经济上造成的损失或影响的程度一般将用电负荷分为三级。为了确定某用户的用电负荷级别，应根据用户需求进行负荷性质评估，然后慎重确定。即使同一用户，内部不同的用电设备和不同的部位以及不同时段，其用电负荷级别也不都相同，不同级别的负荷对供电电源和供电方式的要求也是不同的，常用民用用电设备及部位的负荷级别如表 2-1 所示。

表 2-1　　　　　　　　　　　常用民用用电设备及部位的负荷级别

序号	建筑类别	建筑物名称	用电设备及部位名称	负荷级别
1	住宅建筑	高层普通住宅	客梯电力、楼道照明	二级
2	旅馆建筑	一、二级旅游旅馆	经营管理用电子计算机及其外部设备电源、宴会厅电声、新闻摄影、录像电源、餐厅、娱乐厅、高级客房、厨房、主要通道照明、部分客梯电力、厨房部分电力	一级
			其余客梯电力、一般客房照明	二级
		高层普通旅馆	客梯电力、主要通道照明	二级
3	办公建筑	省、市、自治及部级办公楼	客梯电力、主要办公室、会议室、总值班室、档案室及主要通道照明	一级
		银行	主要业务用电子计算机及其外部设备电源，防盗信号电源	一级
			客梯电力	二级
4	教学建筑	高等学校教学楼	客梯电力、主要通道照明	二级
		高等学校的重要实验室	电源	一级

（2）用电质量要求。电压质量主要是指电压和频率两个指标。电压质量的确定是看加在用电设备端的网络实际电压与该设备的额定电压之间的差值，差值越大说明电压质量越

差，对用电设备的危害也越大。电压指标除了与电源有关外，还与动力、照明线路的合理设计关系很大，在设计线路时，必须考虑线路的电压损失。频率指标(我国规定工频为50Hz)，是由电力系统保证的，它与照明、动力线路本身无关，但超过了规定值，将影响用电设备的正常工作。

（3）检修施工。从检修施工角度看，低压配电线路应力求简单、标准和典型配置，操作方便、安全，具有一定的灵活性，并能适应用电负荷发展的需求。

（4）节能环保。低压配电线路也应尽量节约环保，技术成熟、少（免）维护、低损耗的设备、并考虑降低线损和减少噪声。

2. 低压配电系统的连接方式

（1）放射式。放射式的接线如图 2−1（a）所示，是指由总配电箱直接供电给分配电箱或负载的配电方式。其优点是：配电线路相对独立，发生故障互不影响，供电可靠性高；配电设备比较集中，便于维修。但由于放射式接线要求在变电站低压侧设置配电盘，这就导致系统发热灵活性差，再加上干线较多，线材消耗也较多。

低压配电系统宜在下列情况采用放射式接线：① 容量大、负荷集中或重要的用电设备；② 每台设备的负荷虽不大，但位于变电站的不同方向；③ 需要集中联锁启动或停止的设备；④ 对于有腐蚀介质或爆炸危险的场所，其配电及保护设备不宜放在现场，必须由与之相隔离的房间馈出线路。

（2）树干式。树干式接线如图 2−1（b）所示，它不需要在变电站低压侧设置配电盘，而是从变电站低压侧的引出线经过空气开关或隔离开关直接引至室内。这种配电方式使变电站低压侧结构简化，减少电气设备需用量，线材的消耗也减少，更重要的是提高了系统的灵活性。但这种接线方式的主要缺点是，当干线发生故障时，停电范围很大。

采用树干式配电必须考虑干线的电压质量。有两种情况不宜采用树干式配电：① 容量较大的用电设备，因为它将导致干线的电压质量明显下降，影响到接在同一干线上的其他用电设备正常工作，因此容量大的设备必须采用放射式供电；② 对于电压质量要求严格的用电设备，不宜接在树干式接线上，而应该采用放射式供电。树干式配电一般只适用于用电设备的布置比较均匀、容量不大又无特殊要求的场合。

（3）环式。环式接线如图 2−1（c）所示。这种接线方式又分为闭环和开环两种运行状态，图（c）是闭环状态。从接线图中可以看出，当闭环运行时，任一段线路发生故障或停电检修时，都可以由另一侧线路继续供电，可见闭环运行供电可靠性高，电压损失和电能损失也较小。但是闭环运行的保护整定相当复杂，如配合不当，容易发生保护误动作，使事故停电范围扩大。因此，在正常情况下，一般不用闭环运行，而采用开环运行。但开环情况下发生故障会中断供电，所以环形配电线路一般只适用于对二、三级负荷的供电。

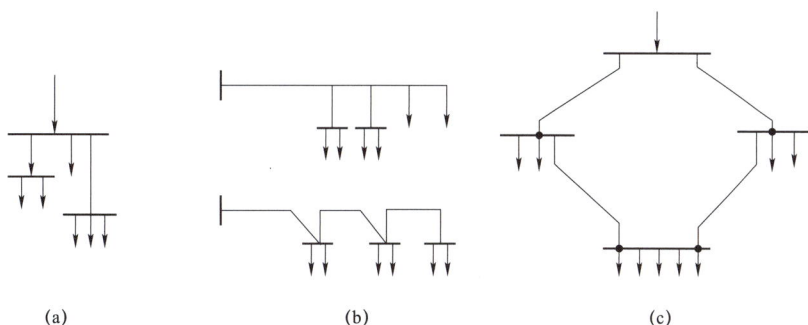

图 2-1 低压配电线路基本配电方式

（a）放射式；（b）树干式；（c）环式

放射式、树干式、环式三种方式，其基本形式也不是单一的，如将它们再混合交替使用，形式多种多样，这里不一一举例，在实际运行线路中，应按照安全可靠、经济合理的原则进行优化组合。

3. 低压配电系统接地方式

对于 380V/220V 低压配电系统，我国广泛采用中性点直接接地方式运行，而且引出中性线 N 和保护线 PE。中性线 N 的功能为：① 用于需要 220V 相电压的单相设备；② 用于传导三相系统中的不平衡电流和单相电流；③ 减小负荷中性点的偏移。保护线 PE 的功能是防止发生触电事故，保证人身安全。通过公共的保护线 PE，将电气设备外露的导电部分连接到电源的接地中性点上，当系统中的设备发生单相接地故障时，便形成单相短路，使保护动作，开关跳闸，切除故障设备，从而防止人身触电，这种保护称保护接零。常见的接地系统有 TT 系统和 TN 系统。

（1）TT 系统。TT 系统就是电源中性点直接接地、用电设备外露导电部分直接接地的系统。通常将电源中性点的接地叫作工作接地，而设备外露可导电部分的接地叫作保护接地。TT 系统中，这两个接地必须是相互独立的。设备接地可以是每一设备都有各自独立的接地装置，也可以若干设备共用一个接地装置，如图 2-2 所示。

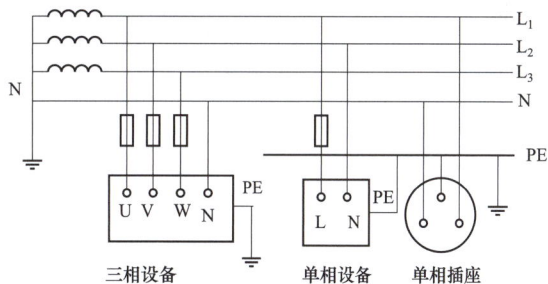

图 2-2 TT 系统接地示意图

（2）TN 系统。TN 系统即电源中性点直接接地、设备外露导电部分与电源中性点直接电气连接的系统。若中性线与保护线共用一根导线（保护中性线 PEN），则称为 TN-C 系统；若中性线与保护线完全分开，各用一根导线，则称为 TN-S 系统。TN-C、TN-S 和 TN-C-S 系统的图形如图 2-3～图 2-5 所示。

TN-C 系统如图 2-3 所示，将 PE 线和 N 线的功能综合起来，由一根称为 PEN 线的导体同时承担两者的功能。在用电设备处，PEN 线既连接到负荷中性点上，又连接到设备外露的导电部分。由于它所固有的技术上的种种弊端，现在已很少采用，尤其是在民用配电中已基本上不允许采用 TN-C 系统。

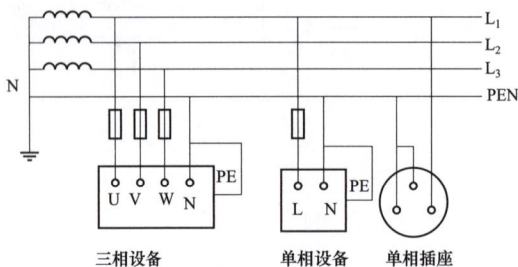

图 2-3　TN-C 系统接地示意图

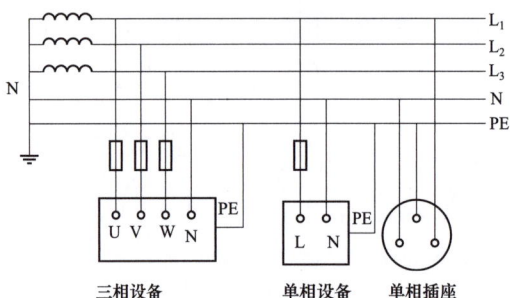

图 2-4　TN-S 系统接地示意图

　　TN-S 系统接地如图 2-4 所示。TN-S 系统中性线 N 与 TT 系统相同。与 TT 系统不同的是，用电设备外露可导电部分通过 PE 线连接到电源中性点，与系统中性点共用接地体，而不是连接到自己专用的接地体，中性线（N 线）和保护线（PE 线）是分开的。TN-S 系统的最大特征是 N 线与 PE 线在系统中性点分开后，不能再有任何电气连接，这一条件一旦破坏，TN-S 系统便不再成立。

　　TN-C-S 系统是 TN-C 系统和 TN-S 系统的结合形式，如图 2-5 所示。在 TN-C-S 系统中，从电源出来的那一段采用 TN-C 系统，因为在这一段中无用电设备，只起电能的传输作用，到用电负荷附近某一点处，将 PEN 线分开形成单独的 N 线和 PE 线。从这一点开始，系统相当于 TN-S 系统。

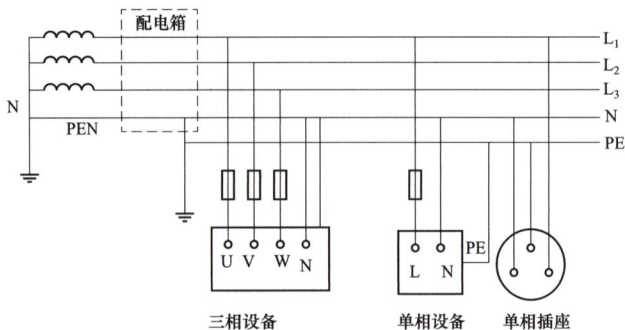

图 2-5　TN-C-S 系统接地示意图

二、低压架空线路

1. 低压架空线路简介

架空线路是电力网的重要组成部分，其作用是输送和分配电能。低压架空配电线路是采用电杆将导线悬空架设，直接向用户供电的配电线路。架空线路一般按电压等级分，1kV及以下的为低压架空配电线路，1kV以上的为高压架空配电线路。

低压架空线路具有架设简单，造价低，材料供应充足，分支、维修方便，便于发现和排除故障等优点；缺点是易受外界环境的影响，供电可靠性较差，影响环境的整洁美观等。

2. 低压架空线路的组成

架空线路主要由电杆、导线、横担、绝缘子和线路金具等组成，如图2-6所示。

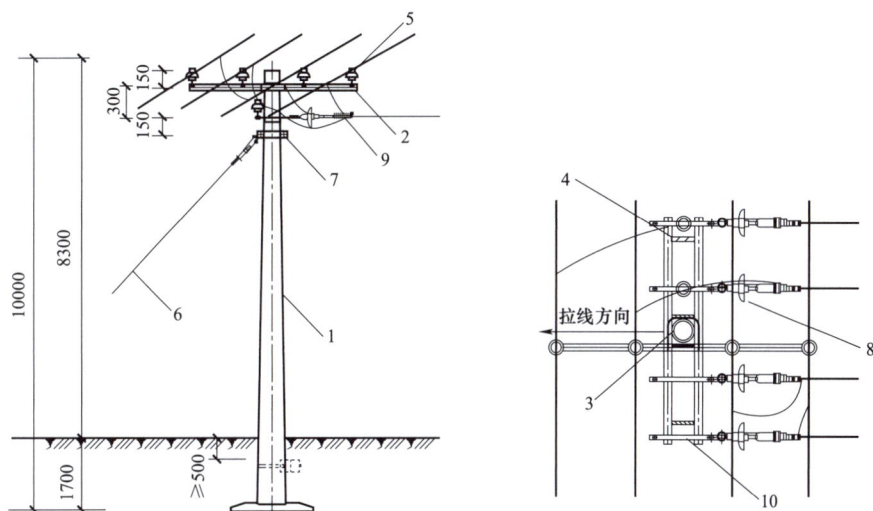

图2-6 典型架空线路结构

1—水泥杆；2—四线横担；3—U形抱箍；4—螺栓；5—低压绝缘子；6—拉线；7—拉线抱箍；
8—低压绝缘子耐张串；9—线夹；10—联板

（一）电杆

电杆是用来支持架空导线的，把它埋设在地上，装上横担及绝缘子，导线固定在绝缘子上，同时保持导线的相间距离和对地距离。电杆应有足够的机械强度，其主要包括电杆基础和杆体。

1. 电杆基础

电杆基础是对电杆地下设备的总称，主要由底盘、卡盘和拉线盘等组成（见图2-7）。其作用主要是防止电杆因承受垂直荷重、水平荷重及事故荷重等所产生的上拔、下压甚至倾倒等。是否装设三盘应依据设计和现场具体情况决定。底盘为主杆基础，卡盘是为提高电杆抗倾覆能力而设置的辅助基础，拉线盘则是电杆拉线的基础。

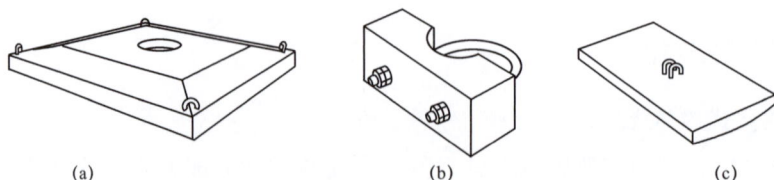

图 2-7 配电线路杆塔基础结构示意图
(a) 底盘；(b) 卡盘；(c) 拉线盘

2. 杆体

用来安装横担、绝缘子和架设导线的电杆，其分类如下：

（1）电杆按材料分类。

按材质电杆可分为木杆、钢筋混凝土杆和钢管杆。钢管杆具有杆型美观、能承受较大应力等优点，适用于狭窄道路、拉线设置困难的地方应用。木杆由于木材供应紧张且易腐烂，除部分地区个别线路外，新建线路均已不使用，普遍使用的是钢筋混凝土电杆。钢筋混凝土电杆具有经久耐用及抗腐蚀等优点，缺点是比较笨重。

电杆按材料分类如表 2-2 所示。

表 2-2　　　　　　　　　　　电杆按材料分类

名称	优点	缺点	用途
木杆	质量轻、价廉、制造安装方便，耐雷击	机械强度低且易腐烂	目前已较少使用
钢筋混凝土杆	挺直、耐用、价廉，不易腐蚀	笨重，运输和组装困难	用于 110kV 以下架空线路
钢管杆	机械强度大，使用年限长	消耗钢材量大、价高且易生锈	用于居民区 35kV 或 110kV 的架空线路

（2）电杆按受力分类。

电杆在线路中所处的位置不同，它的作用和受力情况就不同，杆顶的结构形式也就有所不同。一般按其在配电线路中的作用和所处位置可将电杆分为直线杆、耐张杆、转角杆、终端杆和分支杆五种基本形式。不同位置的电杆其受力情况也不同，如图 2-8 所示；5 种电杆的用途如表 2-3 所示。

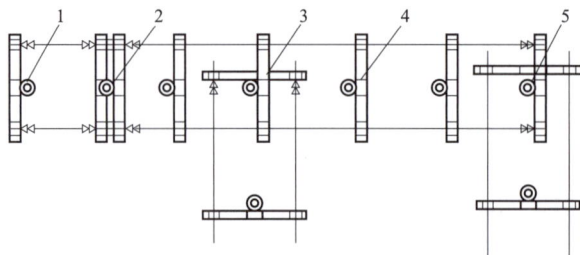

图 2-8　电杆按受力分类
1—终端杆；2—耐张杆；3—分支杆；4—直线杆；5—转角杆

（3）电杆按作用分类。

电杆按作用分类如表 2-3 所示。

表 2-3 电 杆 按 作 用 分 类

杆型	用途	有无拉线	图示
直线杆（即中间杆）	能承受导线、绝缘子、金具及凝结在导线上的冰雪重力，同时能承受侧面的风力。广泛应用，占全部电杆数的80%	无拉线	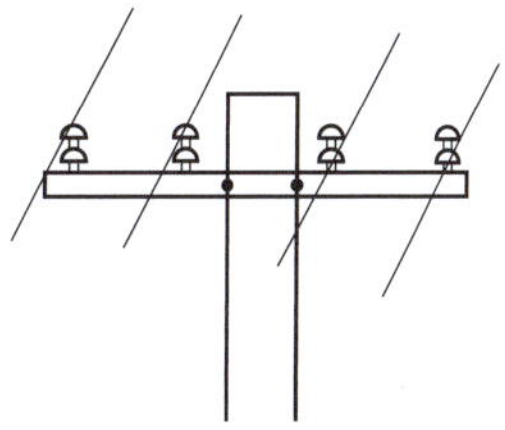
耐张杆（即分段杆）	能承受一侧导线的拉力，当线路出现倒杆、断线事故时，能将事故限制在两根耐张杆之间防止事故扩大。在施工时还能分段紧线	采用四面拉线或顺线路方向人字拉线	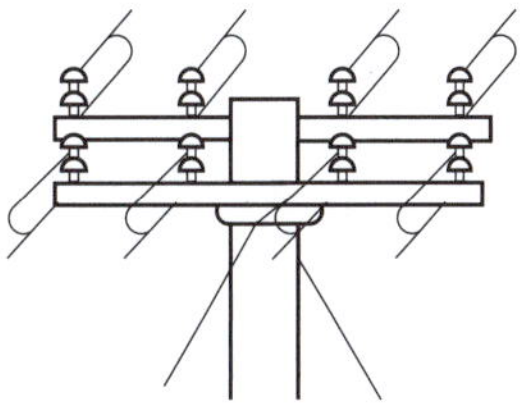
转角杆	用于线路的转角处，能承受两侧导线的合力。转角在 15°～30° 时，宜采用直线转角杆；转角在 30°～45° 时，应采用转角耐张杆；当转角在 45°～90° 时，应采用十字转角耐张杆	采用导线反向拉线或反合力方向的拉线	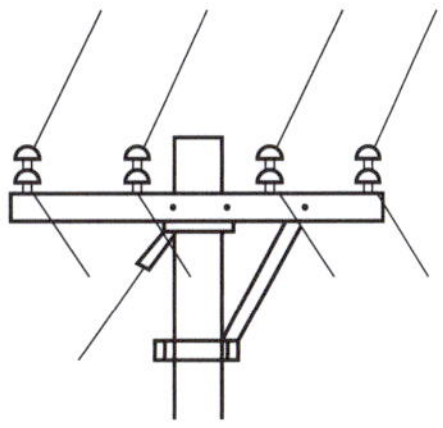
终端杆	用于线路的始端和终端，承受导线的一侧拉力	采用导线反向拉线	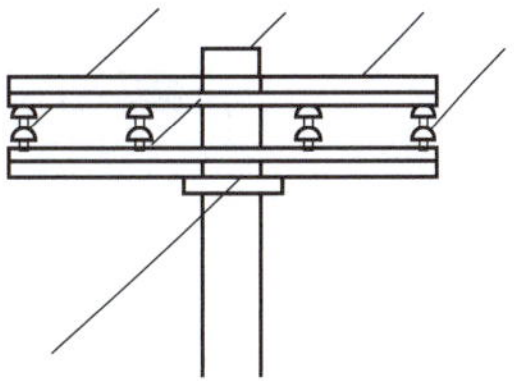
分支杆	用于线路分接支线时的支持点。向一侧分支的为 T 形分支杆；向两侧分支的为十字形分支杆	采用在分支线路的对应方向拉线	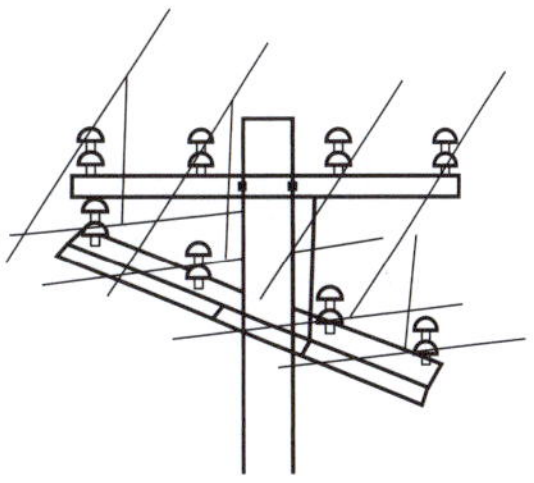

（二）拉线

拉线又叫扳线，用来平衡电杆，避免电杆因受导线的拉力或风力的影响而倾斜。凡受导线拉力不平衡的电杆，或受较大风力的电杆，或装有电气设备的电杆，均需要装拉线。

1. 拉线的组成

拉线通常由上把（楔形线夹）、中把（拉线绝缘子）、下把（UT 线夹）三部分与镀锌钢绞线共同连接组成。拉线上把固定在电杆的拉线抱箍上，下把通过拉线棒把拉线基础（拉线盘）连接。拉线如从导线间穿过时，应该在拉线的中间装设拉线绝缘子。拉线绝缘子的部位应保证在断拉线的情况下，拉线绝缘子距离地面的距离不小于 2.5m；同时当拉线穿越导线之下时，所使用的拉线绝缘子与线路电压等级相同。

一般普通拉线上端利用楔形线夹（上把）加延长环固定在电杆的拉线抱箍上，下端利用 UT 线夹（下把）与拉线盘（拉线基础）延伸出土的拉线棒连接，如图 2-9 所示。

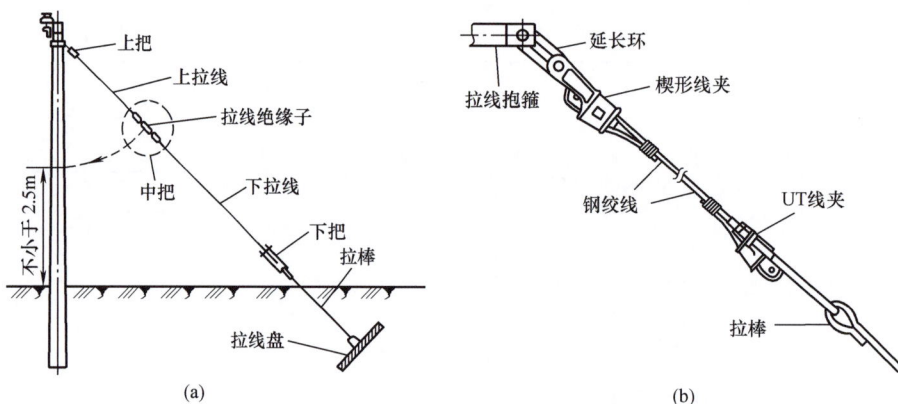

图 2-9　架空配电线路拉线结构示意图
（a）拉线的基本结构；（b）拉线部件的组装

目前被广泛使用的拉线线夹主要有楔形线夹（俗称上把）和 UT 形线夹（俗称下把）；其中，上把主要由楔形线夹、舌板和连接螺栓等组成；下把主要由 U 形螺杆、T 形线夹、舌板和固定调节螺帽等构成；拉线线夹的基本结构如图 2-10 所示。

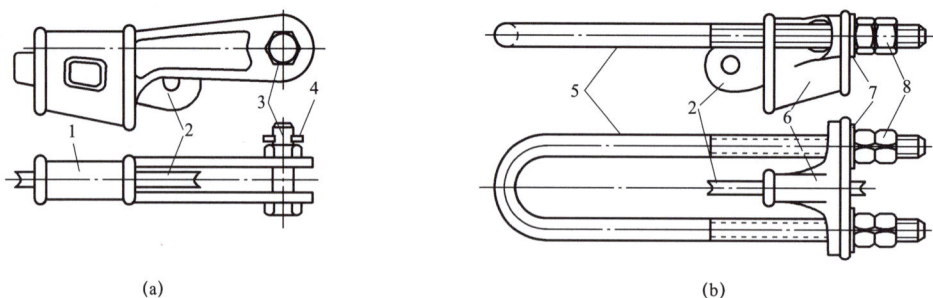

图 2-10　拉线线夹的基本结构
（a）楔形线夹；（b）UT 形线夹
1—楔形线夹；2—舌板；3—连接螺栓；4—插销；5—U 形螺杆；6—T 形线夹；7—垫片；8—固定调节螺帽

2. 拉线的种类

低压架空配电线路中，根据拉线的结构和用途不同，拉线一般可以分为普通拉线、人字拉线、十字拉线、水平拉线、共用拉线、V形拉线、弓形拉线等几种形式。

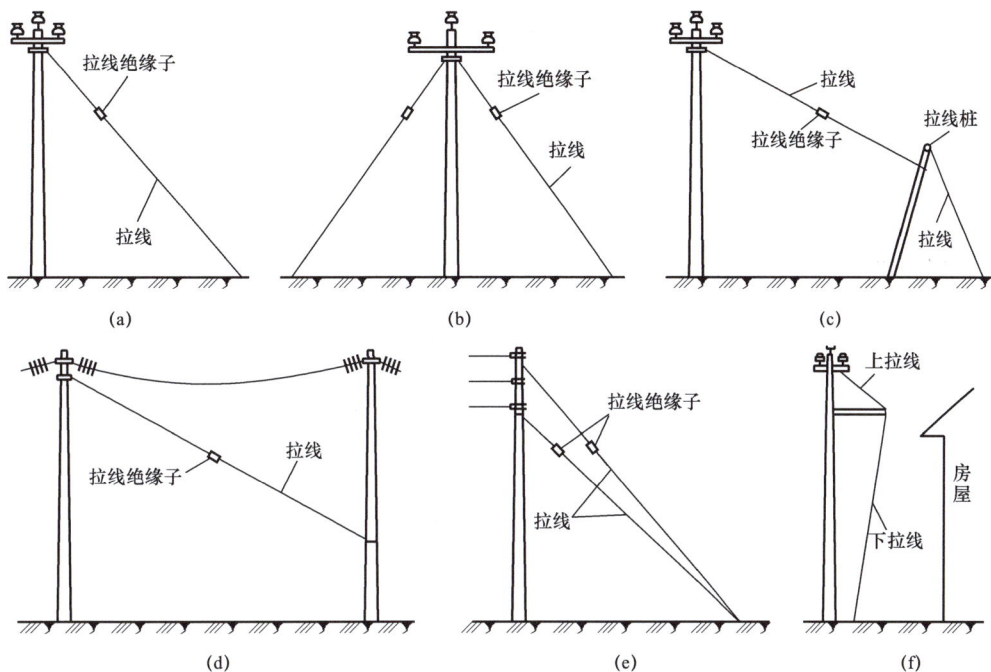

图2-11 配电线路拉线示意图

(a)普通拉线;(b)人字拉线;(c)水平拉线;(d)共用拉线;(e)V形拉线;(f)弓形拉线

(1)普通拉线。普通拉线应用在终端杆、转角杆、分支杆及耐张杆等处。主要用来平衡固定架空线的不平衡荷载,其形状如图2-11(a)所示。

(2)人字拉线。人字拉线是由两根普通拉线组成,装在线路垂直方向的两侧,多用于中间直线杆。其作用是用来加强电杆防风倾倒的能力,如在海边、市郊、地平及风大等环境中,通常视具体的环境条件每隔5~10基电杆装设一人字拉线,如图2-11(b)所示。

(3)十字拉线。十字拉线一般在耐张杆处装设,目的是加强耐张杆的稳定性,安装顺线路人字拉线和横线路人字拉线,总称十字拉线。

(4)水平拉线。水平拉线又称高桩拉线,主要用于不能直接做普通拉线的地方,如跨越道路等地方,为了不妨碍交通,装设水平拉线。其做法是在道路的另一侧,线路延长线上不妨碍人行的道路旁立一根拉线杆,在杆上做一条拉线埋入地下,这样水平拉线就有了不妨碍车辆通行的一定高度。水平拉线跨越道路时,对路面中心的垂直距离不应小于6m,拉线桩的倾斜角宜采用10°~20°,拉线坠线上端拉线抱箍距杆顶的距离为0.25m,如图2-11(c)所示。

(5)共用拉线。共用线路通常应用在线路的直线线路上,当线路直线杆沿线路方向出现不平衡张力时(如同一直线杆上一侧导线粗,另一侧导线细),又没有条件装设普通拉线时,可在两杆之间装设共用拉线,如图2-11(d)所示。

23

（6）V 形拉线。V 形拉线主要用在电杆较高、横担较多，且同杆多条线路使电杆受力不均匀，如跨越铁路、公路、河流等档距较大、前后两杆都是 π 形杆或多层横担时。为了平衡此种电杆的受力，可在张力合成点上下两处安装 V 形拉线，如图 2-11（e）所示。

（7）弓形拉线。弓形拉线主要是安装在受地形和周围环境的限制不能直接安装普通拉线的地方，如图 2-11（f）所示。

（三）导线

导线是架空线路的主要元件之一，配电线路中的导线担负着向用户分配传送电能的作用。因此，导线应具备良好的导电性能以保证有效地传导电流，另外还要保证导线能够承受自身的重量和经受风雨、冰、雪等外力的作用，同时还应具备抵御周围空气所含化学杂质侵蚀的性能。所以用于低压架空线路的导线要有足够的机械强度、较高的电导率和抗腐蚀能力，并且应尽可能地质轻、价廉。

1. 导线常用材料及型号

导线一般常用的材料是铜、铝、钢和铝合金等。这些材料的物理特性如表 2-4 所示。

表 2-4　　　　　　　　　　导线常用材料物理特性

材料	20℃时的电阻率（Ω·mm²/m）	密度（g/cm³）	抗拉强度（N/mm²）	抗化学腐蚀能力及其他
铜	0.0182	8.9	390	表面易形成氧化膜，抗腐蚀能力强
铝	0.029	2.7	160	表面氧化膜可防继续氧化，但易受酸碱腐蚀
钢	0.103	7.85	1200	在空气中易腐蚀，须镀锌
铝合金	0.0339	2.7	300	抗化学腐蚀性能好，受振动时易损坏

由表可见，这些材料中，铜是比较理想的导线材料，它导电性能好，机械强度高，耐腐蚀性能强。当电能损耗、电压损耗相同时，铜导线截面比其他金属导线截面都要小，并且又有良好的机械强度和抗腐蚀性能。但由于铜的质量大，价格较贵，产量较小，而其他工业需求量大，所以架空电力线路导线多采用铝绞线或钢芯铝绞线，一般不采用铜线。

架空线路导线的型号是用导线材料、结构和载流面积三部分表示的。导线的材料和结构用汉语拼音字母表示。如：T—铜，L—铝，G—钢，J—多股绞线，TJ—铜绞线，LJ—铝绞线，GJ—钢绞线，HLJ—铝合金绞线，LGJ—钢芯铝绞线。

2. 导线的排列方式

低压架空线路一般采用水平排列，多回路导线可采用三角形排列，水平排列或垂直排列。

三相导线排列的次序为：面向负荷侧从左至右，低压配电线路为 A、N、B、C 相。当电压等级不同的电力线路进行同杆架设时，通常要求将电压较高的线路架设在上层，电压较低的架设在下层，并尽可能使三相导线的位置对称。分相敷设的低压绝缘线路宜采用水平排列或垂直排列。

3. 线路档距及导线间的距离

根据 DL/T 499—2001《农村低压电力技术规程》的要求，结合农村低压配电线路的特点，线路所经区域及导线所用材料的不同，对线路档距和导线间距的要求也不同。

（1）线路档距。农村低压配电线路档距的大小，可参照表 2-5 所规定的数值进行设置。农村架空线路的档距不宜大于 50m。

表 2-5　　　　　　　　　　　农村低压架空配电线路的档距

导线类型	档距（m）			
铝绞线、钢芯铝绞线	集镇和村庄	40～50	田间	40～60
架空绝缘线	一般	30～40	最大	不应超过 50

一般架空配电线路的档距可参照表 2-6。为确保导线的受力平衡，应力求导线弛度一致，弛度误差不得超过设计值的 15%或 10%，一般档距导线弛度相差不应超过 50mm。

表 2-6　　　　　　　　　　　架空配电线路的档距

线路电压等级	线路所经地区（m）	
	城区	郊区
高压（1～10kV）	40～50	60～100
低压（1kV 以下）	40～50	40～60

（2）导线间距。

1）导线水平间距。低压架空配电线路导线的线间距离，在无设计规定的条件下，通常是根据运行经验按线路的档距大小来确定。在一般情况下导线间的水平距离应不小于表 2-7 所列的数值。

表 2-7　　　　　　　低压架空配电线路不同档距时最小线间距离

档距	40 及以下		50		60	70
导线类型	铝绞线	绝缘线	铝绞线	绝缘线	铝绞线	
线间距离（m）	0.4	0.3	0.3	0.35	0.5	

根据 DL/T 499—2001 的规定，农村低压架空配电线路导线间的水平距离应不小于表 2-8 规定的要求。

表 2-8　　　　　　农村低压架空配电线路导线的最小水平距离

导线类型	导线的水平距离（m）			
	档距 40 及以下	档距 40～50	档距 50～60	靠近电杆处
铝绞线或钢芯铝绞线	0.4	0.4	0.45	不应小于 0.5
架空绝缘线	0.3	0.35	—	0.4

2）导线的垂直及导线与其他构件的净空距离。当低压线路与高压线路同杆架设时，横担间的垂直距离：直线杆不应小于 1.2m，分支和转角杆不应小于 1m。沿建筑物架设的低压绝缘线，支持点间的距离不宜大于 6m。

导线过引线、引下线对电杆构件、拉线、电杆间的净空距离：1～10kV 不应小于 0.2m，1kV 以下不应小于 0.05m。

每相导线过引线、引下线对邻相导体、过引线、引下线的净空距离的大小：1～10kV 不应小于 0.3m，1kV 以下的不应小于 0.15m。

同杆架设中、低压绝缘线路横担之间的最小垂直距离与导线支撑点间的最小水平距离如表 2-9 所示。

表 2-9　　　　　　　同杆架设的绝缘线路横担之间的最小垂直距离与
导线支撑点间的最小水平距离　　　　　　　　　单位：m

类别	中压与中压	中压与低压	低压与低压
水平距离	0.5	—	0.3
垂直距离	0.5	1.0	0.3

4. 常用导线类型

低压配电线路中常用的导线主要有裸导线和绝缘导线。

（1）常用裸导线。裸导线具有结构简单，线路工程造价成本低，施工、维护方便等特点。架空配电线路中常用的裸导线主要有铝绞线、钢芯铝绞线、合金铝绞线等。常用铝绞线和钢芯铝绞线的基本技术指标如表 2-10 和表 2-11 所示。

表 2-10　　　　　　　　　　常见铝绞线的技术指标

标称截面（mm²）	实际截面（mm²）	结构尺寸根数/直径根（mm）	计算直径（mm）	20℃时直流电阻（Ω/km）	拉断力（N）	弹性系数（N/mm²）	热膨胀系数（10⁻⁶/℃）	载流量（A） 70℃	80℃	90℃	计算质量（kg/km）	制造长度（km）
25	24.71	7/2.12	6.36	1.188	4	60	23.0	109	129	147	67.6	4000
35	34.36	7/2.50	7.50	0.854	5.55	60	23.0	133	159	180	94.0	4000
50	49.48	7/3.55	9.00	0.593	7.5	60	23.0	166	200	227	135	3500
70	69.29	7/3.55	10.65	0.424	9.9	60	23.0	204	246	280	190	2500
95	93.27	19/2.50	12.50	0.317	15.1	57	23.0	244	296	338	257	2000
95	94.23	19/4.14	12.42	0.311	13.4	60	23.0	246	298	341	258	2000
120	116.99	19/2.80	14.00	0.253	17.8	57	23.0	280	340	390	323	1500
150	148.07	19/3.15	15.75	0.200	22.5	57	23.0	323	395	454	409	1250
185	182.80	19/3.50	17.50	0.162	27.8	57	23.0	366	454	518	504	1000
240	236.38	19/3.98	19.90	0.125	33.7	57	23.0	427	528	610	652	1000
300	297.57	19/3.20	22.40	0.099	45.2	57	23.0	490	610	707	822	1000

注　表格中指标数据来源于 DL/T 499—2001《农村低压电力技术规程》附录 D。

表 2-11 常见钢芯铝绞线的技术指标

标称截面（mm²）	实际截面（mm²） 铝	实际截面（mm²） 钢	铝钢截面比	结构尺寸根数/直径根（mm） 铝	结构尺寸根数/直径根（mm） 钢	计算直径（mm） 铝	计算直径（mm） 钢	20℃时直流电阻（Ω/km）	拉断力（N）	弹性系数（N/mm²）	热膨胀系数（10⁻⁶/℃）	载流量（A） 70℃	载流量（A） 80℃	载流量（A） 90℃	计算质量（kg/km）	制造长度（km）
16	15.3	2.54	6.0	6/1.8	1/1.8	5.4	1.8	1.926	5.3	19.1	78	82	97	109	61.7	1500
25	22.8	3.80	6.0	6/2.2	1/2.2	6.6	2.2	1.298	7.9	19.1	89	104	123	139	92.2	1500
35	37.0	6.16	6.0	6/2.8	1/2.8	8.4	2.8	0.796	11.9	19.1	78	138	164	183	149	1000
50	48.3	8.04	6.0	6/3.2	1/3.2	9.6	3.2	0.609	15.5	19.1	78	161	190	212	195	1000
70	68.0	11.3	6.0	6/3.8	1/3.8	11.4	3.8	0.432	21.3	19.1	78	194	228	255	275	1000
95	94.2	17.8	5.03	28/2.07	7/1.8	13.68	5.4	0.315	34.9	18.8	80	248	302	345	401	1500
95	94.2	17.8	5.03	7/4.14	7/1.8	13.68	5.4	0.312	33.1	18.8	80	230	272	304	398	1500
120	116.3	22.0	5.3	28/2.3	7/2.0	15.20	6.0	0.255	43.1	18.8	80	281	344	394	495	1500
120	116.3	22.0	5.3	7/4.6	7/2.0	15.20	6.0	0.253	40.9	18.8	80	256	303	340	492	1500
250	140.8	26.6	5.3	28/2.53	7/2.2	16.72	6.6	0.211	50.8	18.8	80	315	387	444	598	1500
185	182.4	34.4	5.3	28/2.88	7/2.5	19.02	7.5	0.163	65.7	18.8	80	368	453	522	774	1500
240	228.0	43.1	5.3	28/3.22	7/2.8	21.28	8.4	0.130	78.6	18.8	80	420	520	600	969	1500
300	317.5	59.7	5.3	28/3.8	19/2	25.2	10.0	0.0935	111	18.8	80	511	638	740	1348	1000

注 表格中指标数据来源于 DL/T 499—2001 附录 D。

（2）常用架空绝缘导线。目前，在架空配电线路中广泛地采用架空绝缘线，相对裸导线而言，采用架空绝缘导线的配电线路运行的稳定性和供电可靠性要好于裸导线配电线路，且线路故障明显降低。线路与树木的矛盾问题基本得到解决，同时也降低了维护工作量，提高了线路的运行安全可靠性。

1）架空绝缘的导线的主要特点。

与裸导线相比，绝缘导线电力线路的主要优点有：

a. 有利于改善和提高配电系统的安全可靠性，减少人身触电伤亡危险，防止外物引起的相间短路，减少双回或多回线路时的停电次数，减少维护工作量，减少因检修而停电的时间，提高了线路的供电可靠性。

b. 有利于城镇建设和绿化工作，减少线路沿线树木的修剪量。

c. 可以简化线路杆塔结构，甚至沿墙敷设，既节约了线路材料，又美化了环境。

d. 节约了架空线路所占空间。缩小了线路走廊，与裸导线相比，线路走廊可缩小 1/2。

e. 节约线路电能损失，降低电压损失，线路电抗仅为普通裸导线线路电抗的 1/3。

f. 减少导线腐蚀，因而相应提高导线的使用寿命和配电可靠性。

g. 降低了对线路支持件的绝缘要求，提高同杆线路回路数。

缺点是：架空绝缘导线的允许载流量比裸导线小，易遭受雷电流侵害，由于加上塑料层后，导线的散热性较差；因此，架空绝缘导线通常选型时应比平时高一个档次，这样就导致线路的单位造价高于裸导线。

2）架空绝缘导线的型号。

表示架空绝缘导线的型号特征的符号主要由三部分组成。

第一部分表示系列特征代号，主要有：JK——中、高压架空绝缘线（或电缆）；J——低压架空绝缘线。

第二部分表示导体材料代号，主要有：T——铜导体(可省略不写)；L——铝导体；LH——铝合金导体。

第三部分表示绝缘材料特征代号，主要有：V——聚氯乙烯绝缘；Y——聚乙烯绝缘；YJ——交联聚乙烯绝缘。

3）架空导线的规格。

目前，在我国配电线路中常用的低压架空绝缘导线主要有表 2－12 中的几种型号；常用的 10kV 架空绝缘导线型号有表 2－13 中的几种。

表 2－12　　　　　　　　　　常用低压架空绝缘导线的型号

编号	型号	名称	主要用途
1	JV 型	铜芯聚氯乙烯绝缘线	架空固定敷设，上、下接户线等
2	JLV 型	铝芯聚氯乙烯绝缘线	
3	JY 型	铜芯聚乙烯绝缘线	
4	JLV 型	铝芯聚乙烯绝缘线	
5	JYJ 型	铜芯交联聚乙烯绝缘线	
6	JLYJ 型	铝芯交联聚乙烯绝缘线	

表 2－13　　　　　　　　　　常用 10kV 架空绝缘导线的型号

型号	名称	常用截面（mm²）	主要用途
JKTRYJ	软铜芯交联聚乙烯架空绝缘导线	35～70	架空固定敷设，下接户线等
JKLYJ	铝芯交联聚乙烯架空绝缘导线	35～300	
JKTRY	软铜芯聚乙烯架空绝缘导线	35～70	
JKLY	铝芯聚乙烯架空绝缘导线	35～300	
JKLYJ/Q	铝芯轻型交联聚乙烯薄架空绝缘导线	15～300	
JKLY/Q	铝芯轻型聚乙烯薄架空绝缘导线	35～300	

4）架空绝缘线的基本技术要求。

根据 DL/T 602—1996《架空绝缘配电线路的施工及验收规程》的规定：

a. 中压架空绝缘线必须符合 GB 14049 的规定。

b. 低压架空绝缘线必须符合 GB 12527 的规定。

c. 安装导线前，应先进行外观检查，且符合下列要求：

（a）导体紧压，无腐蚀；

（b）绝缘线端部应有密封措施；

（c）绝缘层紧密挤包，表面平整圆滑，色泽均匀，无尖角、颗粒，无烧焦痕迹。

（四）横担

架空配电线路的横担主要作用是支持绝缘子、导线等设备，并使导线间保持一定的安全距离，从而保证线路安全运行，因此要求有足够的机械强度和长度。

1. 横担的种类

配电线路常见的横担有角铁横担、瓷横担和木横担三种，目前农村低压配电线路的横担多采用热镀锌角铁横担及陶瓷横担，如图2-12所示。

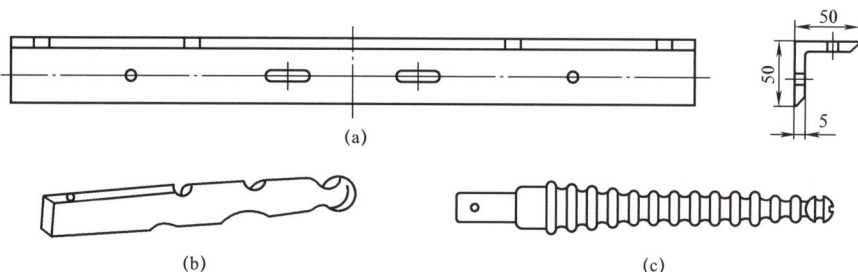

图2-12　低压架空线路常用横担
（a）镀锌角铁横担；（b）、（c）瓷横担

（1）镀锌角铁横担。钢筋混凝土电杆一般多采用镀锌角铁制成的横担，其规格应根据线路电压等级和导线截面的具体规格通过计算确定，但农村低压配电线路中所用角铁横担的规格不应小于以下数值。

1）直线杆：一根 L50mm×50mm×5mm。

2）承力杆：两根 L50mm×50mm×5mm。

镀锌角铁横担如图2-12（a）所示。

（2）瓷横担。如图2-12（b）、图2-12（c）所示，瓷横担具有良好的电气绝缘性能，可以同时起到横担和绝缘子的作用。瓷横担造价低，耐雷水平较高，自然清洁效果好，事故率也低，可减少线路维护工作。当线路发生断线时，瓷横担可以自动偏转，避免事故扩大；同时，瓷横担比较轻，便于施工、检修和带电作业。

2. 横担的支撑方式及要求

中、低压配电线路横担的支撑方式与导线的排列方式有关，常见的低压配电线路横担支撑方式如图2-13所示。

（1）水平排列横担。在农村低压三相四线制及单相架空配电线路的横担通常采用水平排列方式，其中有单横担、双横担、多回路及分支线路的多层横担等，如图2-13所示。

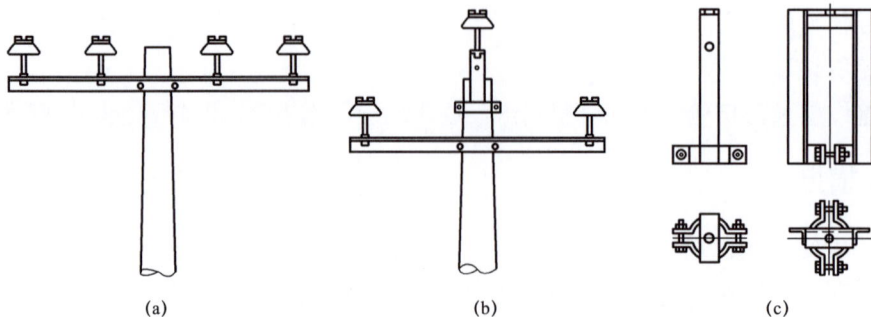

图 2-13　低压架空线路常用横担排列方式示意图

(a) 水平排列横担；(b) 三角形排列横担；(c) 三角形排列横担顶铁

单横担通常安装在电杆线路编号的大号（受电）侧；分支杆、转角杆及终端杆应装于拉线侧；30°及以下的转角担应与角平分线方向一致。

另外，15°以下的转角杆采用单横担，15°～45°的转角杆采用双横担，45°以上的转角杆采用十字横担。

按规定，水平排列横担的安装应平整，端部上、下和左、右斜扭不得大于 20mm。

低压配电线路采用水平排列时，横担与水泥杆顶部的距离为 200mm。同塔架设的双回路或多回路，横担间的垂直距离不应小于表 2-14 所列数值。

表 2-14　　　　　　　　　同塔架设线路横担间的最小垂直距离　　　　　　　单位：m

导线排列方式	直线杆	分支或转角杆
高压线与高压线	0.80	0.45（距上横担）
		0.60（距下横担）
高压线与低压线	1.20	1.00
低压线与低压线	0.60	0.30

（2）三角形排列方式。图 2-13（b）所示为三角形排列的横担安装方式，主要用于三相三线制架空电力线路。采用三角形排列时，电杆头部应该安装头铁。头铁的结构根据电压等级、电杆位置的要求有所不同。图 2-13（c）所示为两种较为典型的横担顶铁。

（五）绝缘子

绝缘子是架空电力线路的主要元件之一，通常用于保持导线与杆塔间的绝缘。用于电力线路中的绝缘子通常有陶瓷绝缘子、玻璃绝缘子和合成绝缘子等。中、低压配电线路中所用的绝缘子主要是陶瓷绝缘子和合成绝缘子。

陶瓷绝缘子简称绝缘子，习惯叫瓷瓶，内部结构如图 2-14 所示。其中瓷瓶主体要用于元件的绝缘，水泥在瓷体与钢件间起连接黏合作用，铁脚和钢帽用于与其他构件的连接。

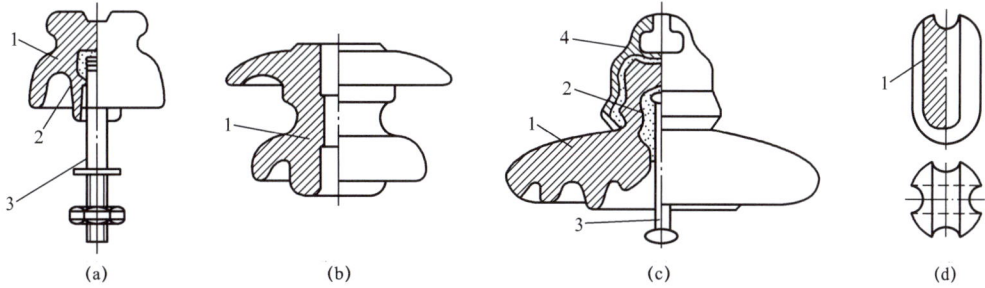

图 2-14 陶瓷绝缘子基本结构

(a) 针式绝缘子；(b) 蝶式绝缘子；(c) 悬式绝缘子；(d) 拉线绝缘子

1—瓷体；2—水泥；3—钢脚；4—钢帽

1. 常见绝缘子及其典型应用

（1）针式绝缘子又叫直瓶或立瓶，如图 2-14（a）所示。针式绝缘子主要用于中、低压配电线路的用于直线杆及非耐张的转角、分支杆的及耐张跳线等非耐张或张力不大的绝缘子，导线则用金属线绑扎在绝缘子顶部的槽中使之固定。针式绝缘子按照耐压能力可分为 1 号和 2 号两种；按照铁脚形式不同可分为短脚、长脚和弯脚三种。其中字母"T"表示短脚，用于铁横担；"M"表示长脚，用于木横担；"W"表示弯脚，可直接拧入木电杆使用。其典型应用如图 2-15（a）所示。

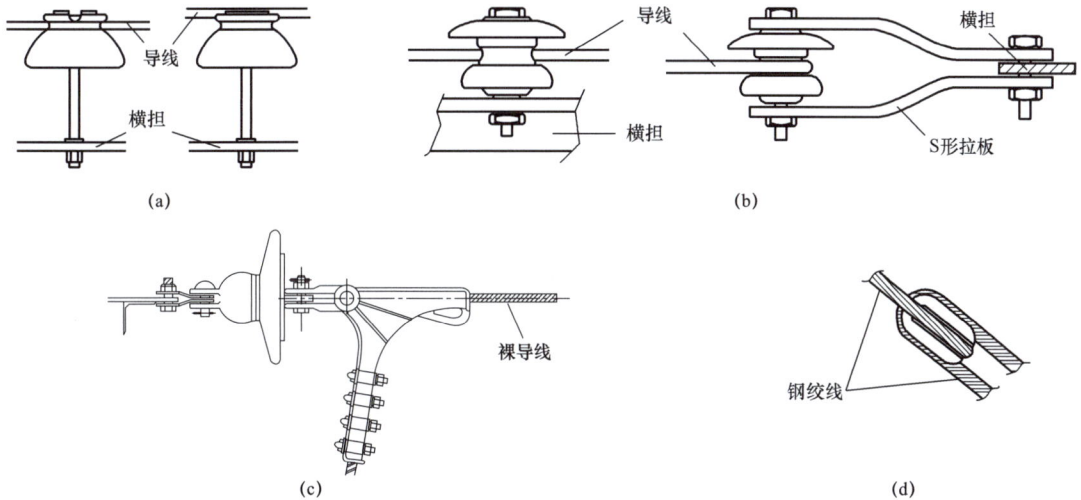

图 2-15 绝缘子在配电线路中的典型应用

（a）针式绝缘子的应用；（b）蝶式绝缘子的应用；（c）悬式绝缘子的应用；（d）拉线绝缘子的应用

（2）蝶式绝缘子，又叫茶台，如图 2-14（b）所示。它主要用在低压配电线路直线杆或接户线终端杆上，通常用穿心螺栓固定在横担上，也可用铁夹板在中间连接在耐张横担上。其典型应用如图 2-15（b）所示。

（3）悬式绝缘子通常由多片串联成绝缘子串，用于低压线路的耐张杆或 10kV 及以上线路的直线杆上,对导线起绝缘保护作用。其结构如图 2-14(c)所示。

(4)拉线绝缘子,如图 2-14(d)所示。安装拉线绝缘子的目的是为防止拉线在穿越或接近导线时,万一拉线发生带电造成人身触电事故而采取的绝缘措施。拉线绝缘子应安装在最低导线以下,且当拉线断开后距地面不应小于 2.5m,且必须装设与线路等级相同的拉线绝缘子。

2. 绝缘子与横担的安装

绝缘子与横担的安装如图 2-16 所示。绝缘子与横担安装时应注意以下事项。

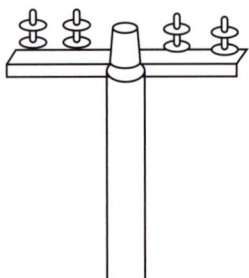

图 2-16　绝缘子与横担的安装

(1)绝缘子的额定电压应符合线路电压等级要求,安装前检查有无损坏,并测试其绝缘电阻值。

(2)紧固横担和绝缘子等各部分的螺栓直径应大于 16mm,绝缘子与铁横担之间应垫一层薄橡皮,以防紧固螺栓时压碎绝缘子。

(3)螺栓应由上向下插入绝缘子中心孔,螺母要拧在横担下方,螺栓两端均需套垫圈。

(4)螺母需拧紧,但不能压碎绝缘子。

(六)金具

在架空配电线路中,用于电杆、横担、拉线及导线、绝缘子间的连接与固定的金属附件被称之为电力系统中的金具。配电线路中的金具通常有横担固定金具、拉线金具、导线固定金具、连接金具、接续金具。

1. 横担固定金具

横担固定金具主要用于电杆上导线横担的支撑固定,通常由角钢、扁钢等制作而成,经镀锌防腐处理。主要有:

(1)U 形抱箍。用直径为 16mm 的圆钢或中间用 4mm×40mm 或 5mm×50mm 的扁铁与直径为 16mm 的螺杆焊接制作而成,用于将横担固定在直线杆上,如图 2-17(a)所示。

(2)圆凸形抱箍,又称羊角抱箍。用 4mm×40mm 或 5mm×50mm 的扁钢制作而成,用于将横担支撑扁铁固定在电杆上。如图 2-17(b)和图 2-17(c)所示,其中羊角抱箍为新型,带凸抱箍为传统型。

(3)横担垫铁,又称瓦形(弧形)垫铁或 M 形垫铁。用 4mm×40mm 或 5mm×50mm 的扁钢制成 M 形或圆弧形,其中凸弧面与水泥杆接触,平面直接与铁横担并接,使横担与电杆连接牢固,如图 2-17(d)所示。

(4)支撑扁铁。用 4mm×40mm 或 5mm×50mm 的扁钢制作,也可用 5mm×50mm×50mm 的等边角钢制作,用于支撑横担,防止横担倾斜,如图 2-17(e)所示。

2. 拉线金具

用于拉线支撑、调整、固定、连接的金具构件俗称拉线金具。主要有:

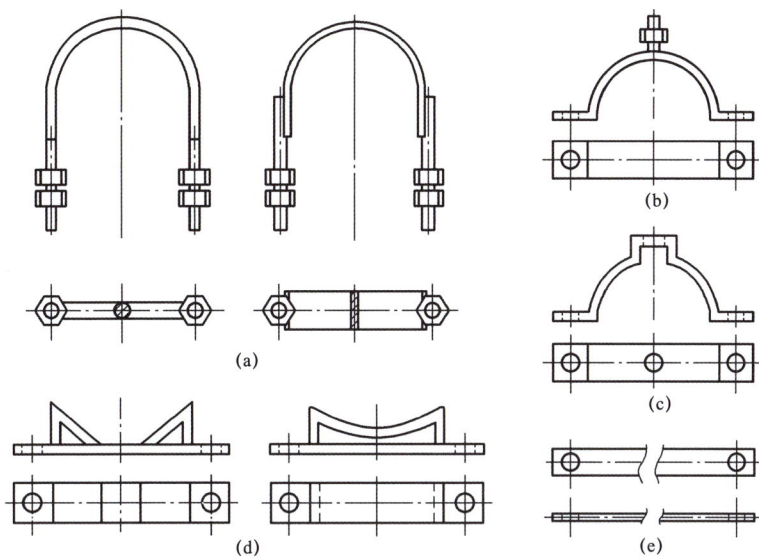

图 2−17　低压架空线路常用横担固定金具

（a）U 形横担抱箍；（b）羊角抱箍；（c）带凸抱箍；（d）横担垫铁；（e）支撑扁铁

（1）楔形线夹，俗称上把。它是利用楔的臂力作用，使钢绞线紧固，其结构如图 2−18（a）所示。

（2）UT 形线夹（可调式），俗称下把或底把。UT 形线夹既能用于固定拉线，同时又可调整拉线，其结构如图 2−18（b）所示。

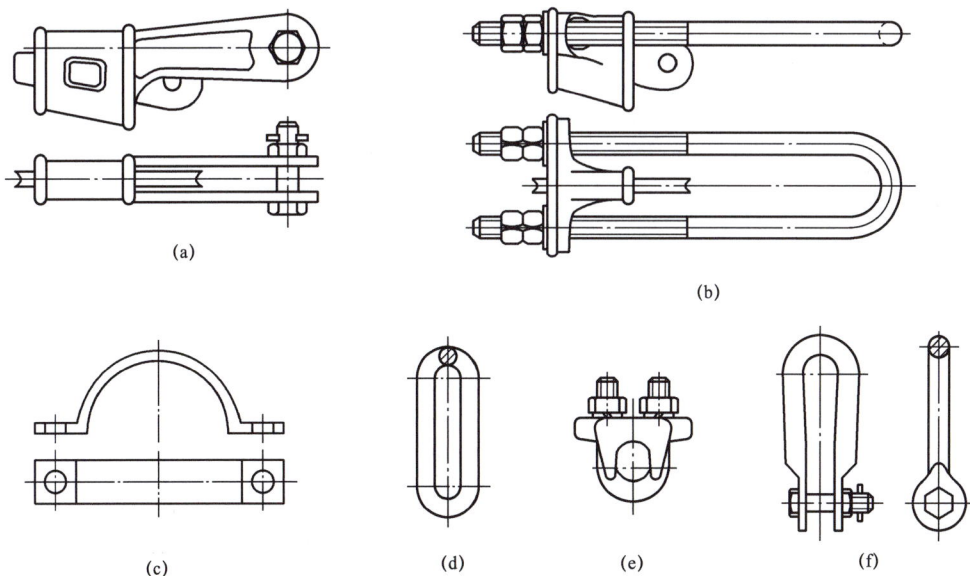

图 2−18　常用拉线金具

（a）楔形线夹；（b）UT 线夹；（c）拉线抱箍；（d）延长环；（e）钢线卡；（f）U 形挂环

（3）拉线抱箍，又称圆形抱箍或两合抱箍。通常是用 4mm×40mm 或 5mm×50mm 的扁钢制作而成，用于将拉线固定在电杆上，如图 2－18（c）所示。

（4）延长环，主要用于拉线抱箍与楔形线夹之间的连接，如图 2－18（d）所示。

（5）钢线卡，也叫元宝螺栓。主要用于低压架空线路小型电杆的拉线回头绑扎，由于钢线卡握着力的限制，不宜作为较大截面拉线的紧固工具，其结构如图 2－18（e）所示。

（6）拉线用 U 形挂环，俗称鸭嘴环。是用来和拉线金具和楔形线夹配套，安装在杆塔拉线抱箍上，其结构如图 2－18（f）所示。

3. 导线固定金具

导线固定金具主要为耐张线夹，如图 2－19 所示。耐张线夹是将导线固定在非直线电杆的耐张绝缘子上，通常低压架空配电线路的耐张线夹主要有螺栓式耐张线夹和楔形耐张线夹。如图 2－19（a）和图 2－19（b）所示。

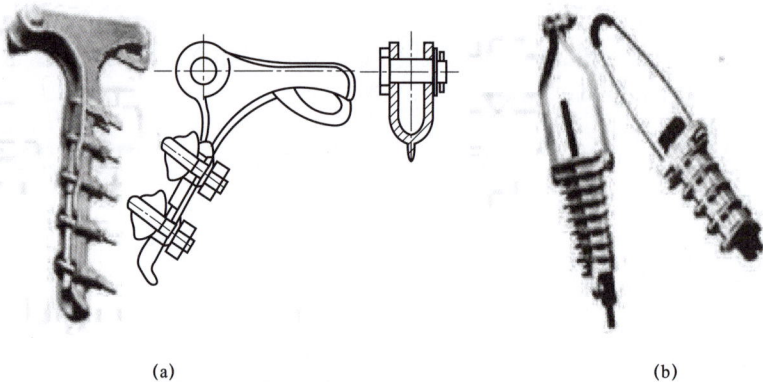

(a)　　　　　　　　　　　　　(b)

图 2－19　耐张线夹结构
（a）螺栓式耐张线夹；（b）楔形耐张线夹

4. 连接金具

配电线路中的接续金具主要有以下几种。

（1）球头挂环。球头挂环是用来连接球形绝缘子上端铁帽（碗头）的。根据使用条件的不同，用于圆形连接的 Q 形球头挂环如图 2－20（a）所示，专用于螺栓平面接触的 QP 形球头挂环如图 2－20（b）所示。

（2）碗头挂环。碗头挂环是用来连接球形绝缘子下端钢脚（球头）的，根据使用条件的不同，有单联碗头和双联碗头两种形式，如图 2－20（c）和图 2－20（d）所示。

（3）直角挂板。直角挂板是一种转向金具，可按使用要求去改变绝缘子串的连接方向。常用螺栓式直角挂板的形状如图 2－21（a）和图 2－21（b）所示。

（4）平行挂板。平行挂板用于单板与单板及单板与双板的连接，也可用于连接槽形悬式绝缘子。平行挂板有三腿式和四腿式两种，形状如图 2－21（c）和图 2－21（d）所示。

（5）直角挂环。直角挂环是专门用来连接悬式 X－4.5C 或 C－5 槽形绝缘子的，其形状如图 2-22（a）所示。

（6）U 形挂环。U 形挂环是一种最通用的金具，它可以单独使用，也可以几个一起组装起来使用，形状如图 2-22（b）所示。

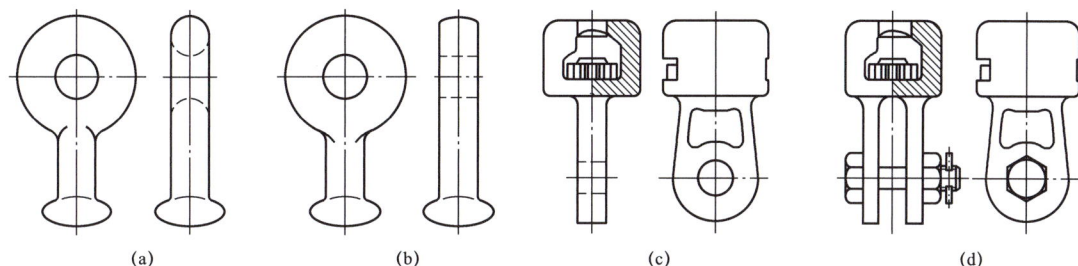

图 2-20 球头挂环和碗头挂板结构示意图
（a）Q 形球头挂环；（b）QP 形球头挂环；（c）单联碗头挂板；（d）双联碗头挂板

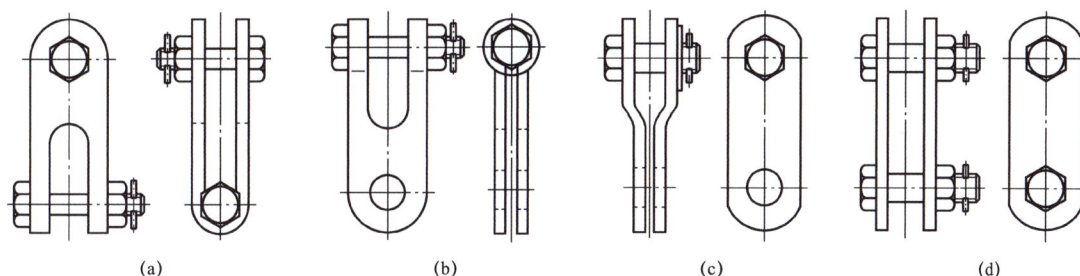

图 2-21 直角挂板和平行挂板的基本结构
（a）Z 形直接挂板；（b）ZS 形直角挂板；（c）PS 形直角挂板；（d）P 形平行挂板

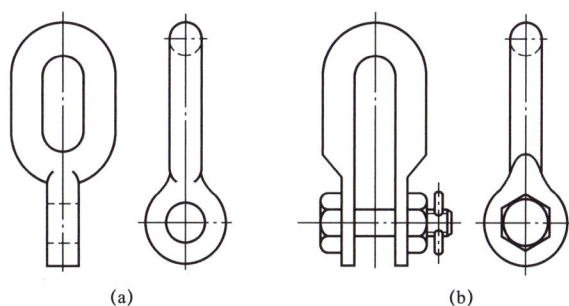

图 2-22 直角挂环和 U 形挂环的基本结构
（a）直角挂环；（b）U 形挂环

5. 接续金具

接续金具主要用于架空线路的导线、非直线杆塔跳线的接续及导线补修等。常用接续金具如下：

（1）钳压管。中、低压配电线路中使用较多的钳压管有供中小截面的铝绞线及钢芯铝绞线用的两种，其基本结构如 2-23 所示。

（2）并沟线夹。并沟线夹适用于在不承受拉力的部位接续，如在耐张杆塔的弓子线处连接导线用，如图2-24所示。

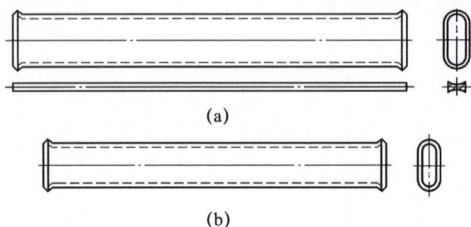

图 2-23 导线接续管的基本结构
（a）钢芯铝绞线钳压管；（b）铝绞线钳压管

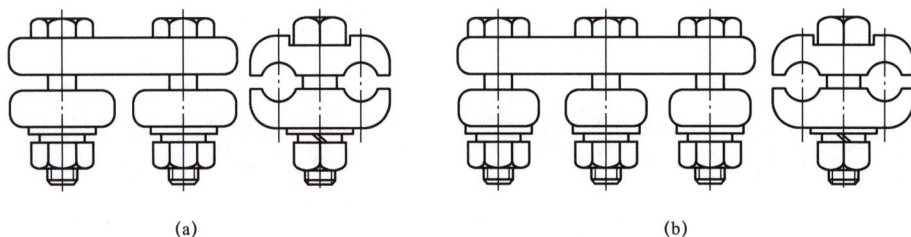

图 2-24 配电线路常用并沟线夹的基本结构
（a）铝绞线用并沟线夹；（b）钢芯铝绞线用并沟线夹

（七）接户线、进户线

一般情况下，接户线指架空配电线路与用建筑物外第一支持点之间的一段线路，由用户室外进入用户室内的线路称进户线。

1. 接户线、进户线

根据 DL/T 499—2001《农村低压电力技术规程》对架空配电线路的有关规定，接户线和进户线的划分规定如下：

（1）当用户计量装置在室内时，从电力线路到用户室外第一支持物的一段线路为接户线，从用户室外第一支持物至用户室内计量装置的一段线路为进户线。

（2）当用户计量装置在室外时，从电力线路到用户室外计量装置的一段线路为接户线，从用户室外计量装置出线端至用户室内第一支持物或配电装置的一段线路为进户线。

（3）高压接户线是指电压等级在 1kV 以上高压配电线路由跌落式熔断器或柱上式开关引到建筑物的线路。

通常在导线截面较小时，高压接户线可采用悬式绝缘子和蝶式绝缘子串联的方式固定在房屋的支持点上；在导线截面较大时，应采用悬式绝缘子和耐张线夹的方式固定在房屋的支持点上。高压进户线引入室内时，应使用穿墙套管。

（4）低压接户线是指从 0.4kV 及以下低压电力线路到第一支持物的一段线路；低压接

户线通常使用绝缘线进行连接；根据导线拉力大小，低压接户线直接选用针式或蝶式绝缘子的连接方式固定在房屋的支持点上。

（5）进户线的进户点位置应尽可能靠近供电线路且明显可见，便于施工维护，进户线所在房屋应坚固并不漏水。进户线应采用绝缘导线，其截面按允许载流量选择。

2. 接户线和进户线的基本要求

（1）低压接户线的相线和中性线或保护线应从同一基电杆引下，其档距不宜超过 25m（高压为 30m），超过 25m 时应加装接户杆，但接户线的总长度（包括沿墙敷设部分）不宜超过 50m。沿墙敷设的接户线以及进户线两支持点间的距离，不应大于 6m。如图 2-25、图 2-26 所示。

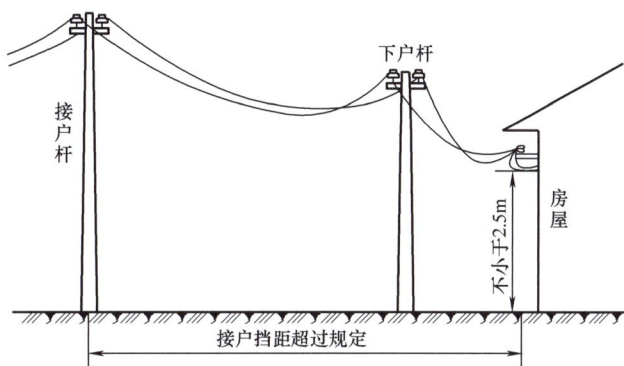

图 2-25 接户线通过进户杆进户示意图

（2）接户线与低压线如系铜线与铝线连接，应采取加装铜铝过渡接头的方法进行连接。接户线在不适宜采用架空敷设的场所，可采用电力电缆。

（3）为保证农村低压用户的用电安全，接户线与进户线宜采用绝缘导线，外露部位应严格地按规定进行绝缘处理。导线截面应按持续载流量及电压损失选择。

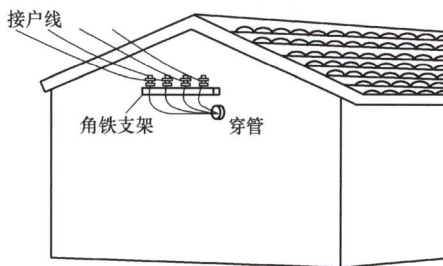

图 2-26 进户线入户示意图

（4）接户线的进户端对地面的垂直距离不宜小于 2.5m。

（5）接户线不应从 10kV 引下线间穿过，不应跨越铁路。

（6）农村低压接户线档距内不允许有接头。不同规格不同金属的导线不应在同一挡距内使用。

（7）两个电源引入的接户线不宜同杆架设。

（8）接户线与主杆绝缘线连接后应按规定进行绝缘密封处理。

（9）接户线零线在进户处应有重复接地，接地必须可靠，接地电阻符合规定的要求。

（10）低压绝缘接户线、进户线与通信线、广播线等弱电线路交叉时，其垂直距离不应小于以下数值（如图 2-27 所示）。

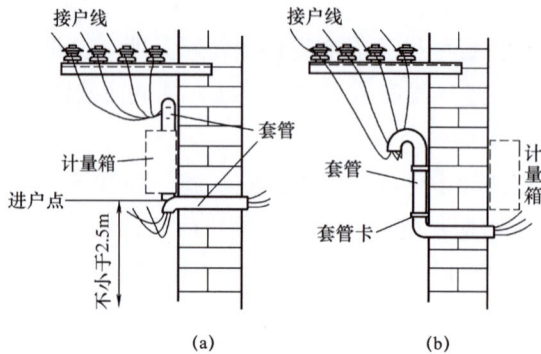

图 2-27 进户线穿墙安装示意图

（a）进户线进户；（b）接户线进户

a. 接户线、进户线在弱电线路的上方时，0.6m。

b. 接户线、进户线在弱电线路的下方时，0.3m。

如不能满足上述要求，应采取隔离措施。

（11）进户线穿墙时，应套装硬质绝缘套管，电线在室外应做滴水弯，穿墙绝缘管应内高外低，露出墙壁部分的两端不应小于 10mm，滴水弯最低点距地面小于 2m 时进户线应加装绝缘护套。

（12）进户线与弱电线路必须分开进户，进户线不应有接头。

三、低压电力电缆

电缆线路在电力系统中作为传输和分配电能之用。随着时代的发展，电力电缆在民用建筑、工矿企业等领域的应用越来越广泛。电缆线路与架空线路比较，具有敷设方式多样、占地少、不占或少占用空间、受气候条件和周围环境的影响小、传输性能稳定、维护工作量较小且整齐美观等优点。但是电缆线路也有一些不足之处，如投资费用较大、敷设后不宜变动、线路不宜分支、寻测故障较难、电缆头制作工艺复杂等。

在电力系统中，最常用的电缆有电力电缆和控制电缆两种。输配电能的电缆称为电力电缆。用在保护、操作回路中传导电流的称为控制电缆。

1. 电缆结构

电缆一般由导线线心、绝缘层和保护层三个主要部分组成，如图 2-28 所示。

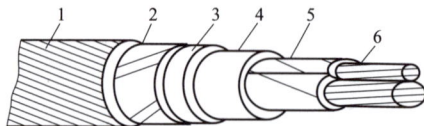

图 2-28 电缆结构

1—沥青麻护层；2—钢带铠装；3—塑料护层；4—铝包护层；5—纸包绝缘；6—导体

（1）导线线心。

导线线心用来输送电流，其必须具有高导电性、一定抗拉强度和伸长率、良好的耐腐蚀性以及便于加工制造等性能。我国制造的低压电缆线心的标称截面积有 10、16、25、35、50、70、95、120、150、185、240、300mm² 等多种。

（2）绝缘层。

绝缘层的作用是将导电线心与相邻导体以及保护层隔离，抵抗电力电流、电压、电场对外界的作用，保证电流沿线心方向传输。绝缘的好坏，直接影响电缆运行的质量。电缆的绝缘层分为心绝缘和带绝缘两种：包覆在线心上的绝缘称为心绝缘；多心电缆的绝缘线心合在一起再加覆的绝缘称为带绝缘。带绝缘与保护层隔开形成可靠的对地绝缘。绝缘层通常用油浸纸、塑料、橡胶等制成。

（3）保护层。

保护层简称护层，它是为了使电缆适应各种使用环境的要求，在绝缘层外面施加的保护覆盖层。其主要作用是保护电缆在敷设和运行过程中，免遭机械损伤和各种环境因素，如水、日光、生物、火灾等的破坏，以保持长时间稳定的电气性能。所以，电缆的保护层直接着关系电线电缆的寿命。

保护层分为内保护层和外保护层。内保护层直接包在绝缘层上，保护绝缘不与空气、水分或其他物质接触，因此要包得紧密无缝，并且有一定的机械强度，使其能承受在运输和敷设时的机械力。内保护层有铅包、橡套和聚氯乙烯包等。外保护层是用来保护内保护层的，防止铅包、铝包等受外界的机械损伤和腐蚀，在电缆的内保护层外面包上浸过沥青混合物的黄麻、钢带或钢丝。对于没有外保护层的电缆，如裸铅包电缆等，则用于无机械损伤的场合。

2. 电缆型号

我国电缆的型号是采用双语拼音字母组成，带外护层的电缆则在字母后加上两个阿拉伯数字。常用的电缆型号中汉语拼音字母的含义及排列次序如表 2-15 所示。

表 2-15　　　　　常用电缆型号字母含义及排列顺序

类别	绝缘种类	线心材料	内护层	其他特征	外护层
电力电缆不表示 K——控制电缆 Y——移动式软电缆 P——信号电缆 H——市内电话电缆	Z——绝缘纸 X——橡皮 V——聚氯乙烯 Y——聚乙烯 YJ——交联聚乙烯	T——铜（省略） L——铝	Q——铅护套 L——铝护套 H——橡套 F——非燃性橡套 V——聚氯乙烯护套 Y——聚乙烯护套	D——不滴流 F——分相铅包 P——屏蔽 C——重型	两个数字（含义见下表）

电缆外护层的结构采用两个阿拉伯数字表示，前一个数字表示铠装层结构，后一个数字表示外被层结构。阿拉伯数字代号的含义如表 2-16 所示。例如 VV22—10—3×95 表示三根截面积为 95mm²，聚氯乙烯绝缘，电压为 10kV 的铜心电力电缆，铠装层为双钢带，

外护层是聚氯乙烯护套。

表 2-16 电缆外护层代号含义

第一个数字		第二个数字	
代号	铠装层类型	代号	外被层类型
0	无	0	无
1	—	1	纤维绕包
2	双钢带	2	聚氯乙烯护套
3	细圆钢丝	3	聚乙烯护套
4	粗圆钢丝	4	—

3. 电缆种类

电力电缆按使用绝缘材料不同，其常见种类如表 2-17 所示。

表 2-17 电 力 电 缆 的 种 类

绝缘类型	电缆名称		电压等级（kV）	允许最高工作温度		产品型号
油浸纸绝缘电缆	普通黏性浸渍纸电缆	统包型	1～35	1～3kV，80℃	6kV，65℃	ZLL、ZL、ZLQ、ZQ
		分相铅（铝）包型			20～35kV，50℃	ZLLF、ZLQF、ZQF
	不滴流电缆	统包型		65～80℃		ZLQD、ZQD
		分相铅				ZLLDF、ZQDF
	自容式充油电缆		110～750	80～85℃		ZQCY
	钢管充油电缆					
	钢管压气电缆		110～220	80℃		
	充气电缆		35～110	75℃		
塑料绝缘电缆	聚氯乙烯电缆		1～10	65℃		VLV、VV
	聚乙烯电缆		1～220	70℃		YLV、YV
	交联聚乙烯电缆			10kV 及以下，90℃ 20kV 及以上，80		YJLV、YJV、YJY
橡皮绝缘电缆	天然丁苯橡皮电缆		0.5～6	65℃		XLQ、XQ、XLV、XV、XLHF、XLF
	乙丙橡皮电缆		1～35	80～85℃		
	丁基橡皮电缆			80℃		
气体绝缘电缆	压缩气体绝缘电缆		220～500	90℃		
新型电缆	低温电缆					
	超导电缆					

4. 电缆敷设

电缆敷设方式有很多，主要有以下 7 种：直接埋在地下、安装在架空钢索上、安装在地下隧道内、安装在电缆沟（排管）内、安装在建筑物墙上或天棚上、安装在桥梁构架上、敷设在水下。详细的电缆敷设方式及代号如表 2-18 所示，根据环境和敷设方法选择电缆如表 2-19 所示。

表 2-18　　　　　　　　　　　电缆敷设方式及代号

名称	旧代号	新代号	名称	旧代号	新代号
用瓷瓶或瓷柱敷设	CP	K	穿聚乙烯硬质管敷设	VG	PC
用塑料线槽敷设	XC	PR	穿聚乙烯半硬质管敷设	RVG	FPC
用钢线槽敷设		SR	穿聚乙烯塑料波纹电线管敷设		KPC
穿水煤气管敷设		RC	用电缆桥架敷设		CT
穿焊接钢管敷设	G	SC	用瓷夹敷设	CJ	PL
穿电线管敷设	DG	TC	用塑料夹敷设	VJ	PCL
用金属软管敷设	SPG	C:P	自在器线吊式	X	CP
沿钢索敷设	S	SR	固定线吊式	X	CP
沿屋架或跨屋架敷设	LM	BE	防水线吊式	X	CP
沿柱或跨柱敷设	ZM	CLE	吊线器式	X	CP
沿墙面敷设	QM	WE	链吊式	L	CH
沿天棚面或顶板面敷设	PM	CE	管吊式	G	P
在能进入的吊顶内敷设	PNM	ACE	壁装式	B	W
暗敷设在梁内	LA	BC	吸顶式或直附式	D	S
暗敷设在柱内	ZA	CLC	嵌入式	R	R
暗敷设在墙内	QA	WC	顶棚内安装	DR	CR
暗敷设在地面内	DA	FC	墙壁内安装	HR	WR
暗敷设在顶板内	PA	CC	台上装	T	T
暗敷设在不能进入的吊顶内	PNA	ACC	支架上安装	J	SP
线吊式		CP	柱上安装	Z	CL

表 2-19　　　　　　　　　　根据环境和敷设方法选择电缆

环境特征	电缆敷设方法	常用电缆型号
正常干燥环境	明敷或放在沟中	ZLL、ZLL11、VLV、XLV、ZLQ
潮湿和特别潮湿环境	明敷	ZLL11、VLV、XLV、
多尘环境（不包括火灾及爆炸危险尘埃）	明敷或放在沟中	ZLL、ZLL11、VLV、XLV、ZLQ
有腐蚀性环境	明敷	VLV、ZLL11、XZV
有火灾危险的环境	明敷或放在沟中	ZLL、ZLQ、VLV、XLV、XLHF
有爆炸危险的环境	明敷	ZL120、ZQ20、W20
户外配线	电缆埋地	ZLL11、ZLQ2、VLV、VLV2

第二节 低压配电设备基础知识

一、常见开关设备

低压电气设备通常是指电压在 1kV 以下的电气设备，在建筑工程常见的低压电气设备有低压隔离开关、低压断路器、交流接触器和低压配电柜等。

1. 低压隔离开关

低压隔离开关的主要用途是隔离电源，在电气设备维护检修需要切断电源时，使之与带电部分隔离，并保持足够的安全距离，保证检修人员的人身安全。

低压隔离开关可分为不带熔断器式和带熔断器式两大类。不带熔断器式隔离开关属于无载通断电器，只能接通或开端"可忽略的"电流，起隔离电源作用；带熔断器式隔离开关具有短路保护作用。

常见的低压隔离开关有：HD、HS 系列隔离开关，HR 系列熔断器式隔离开关，HG 系列熔断式隔离开关，HX 系列旋转式隔离开关熔断器组、抽屉式隔离开关，HH 系列封闭式开关熔断器组等。

（1）HD、HS 系列隔离开关。

HD、HS 系列单投隔离开关适用于交流 50Hz，额定电压 380V、直流 440V，额定电流 1500A 的成套配电装置中，作为不频繁的手动接通和分断交、直流电路作隔离开关用。其中，HD11、HS11 系列中央手柄式的单投和双投隔离开关如图 2-29 所示，正面手柄操作，主要作为隔离开关使用；HD12、HS12 系列侧面操作手柄式隔离开关，主要用于动力箱中；HD13、HS13 系列中央正面杠杆操动机构隔离开关主要用于正面操作、后面维修的开关柜中，操动机构装在正前方；HD14 系列侧方正面操作机械式隔离开关主要用于正面两侧操作、前面维修的开关柜中，操动机构可以在柜的两侧安装；装有灭弧室的隔离开关可以切断小负荷电流，其他系列隔离开关只作为隔离开关使用。

图 2-29 HD11、HS11 系列中央手柄式的单投和双投隔离开关

（2）HR 系列熔断器式隔离开关。

HR 系列熔断器式隔离开关主要用于额定电压交流 380V（45～62Hz），约定发热电流 630A 的具有高短路电流的配电电路和电动机电路中。正常情况下，电路的接通、分断由隔离开关完成；故障情况下，由熔断器分断电路。熔断器式隔离开关适用于工业企业配电网中不频繁操作的场所，作为电源开关、隔离开关、应急开关，并作为电路保护用，但一般不直接开闭单台电动机。图 2-30 所示为 HR3 熔断器式隔离开关，图 2-31 所示为 HR5 熔断器式隔离开关。

图 2-30　HR3 熔断器式隔离开关　　　　图 2-31　HR5 熔断器式隔离开关

HR 系列熔断器式隔离开关常以侧面手柄式操动机构来传动，熔断器装于隔离开关的动触片中间，其结构紧凑。作为电气设备及线路的过负荷及短路保护用。

1）HR 系列熔断器式隔离开关的型号及含义如下：

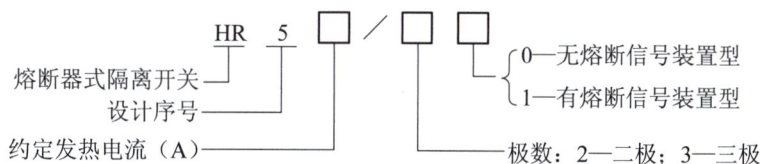

2）结构特点。HR 系列熔断器式隔离开关有 HR3、HR5、HR6、HR17 系列等。HR3 系列熔断器式隔离开关是由 RTO 有填料熔断器和隔离开关组成的组合电器，具有 RTO 有填料熔断器和隔离开关的基本性能。当线路正常工作时，接通和断开电源由隔离开关来完成；当线路发生过载或短路故障时，熔断器式隔离开关的熔体烧断，及时切断故障电路。正常运行时，保证熔断器不动作。当熔体因线路故障而熔断后，只需要按下锁板即可更换熔断器。

（3）HG 系列熔断器式隔离器。

熔断器式隔离器用熔断体或带有熔断体的载熔件作为动触头的一种隔离器。HGI 系列熔断器用于交流 50Hz、额定电压 380V，具有高短路电流的配电电路和在电动机回路中用于电路保护，如图 2-32 所示。

HG 系列熔断器式隔离器由底座、手柄和熔断体支架组成，并选用高分断能力的圆筒帽

图 2－32　HG 系列熔断器式隔离器

型熔断体。操作手柄能使熔断体支架在底座内上下滑动，从而分合电路。隔离器的辅助触头先于主触头断开，后于主电路而接通，这样只要把辅助触头串联在线路接触的控制回路中，就能实现隔离器元件接通和断开电路。如果不与接触器配合使用，就必须在无载状态下操作隔离器。

当隔离器使用带撞击器的熔断体时，任一极熔断体熔断后，撞击器弹出，通过横杆触动装在底板上的微动开关，使微动开关发出信号，切断接触器的控制回路，这样就能防止电动机单相运行。

（4）HK 系列旋转式隔离开关熔断器组。

隔离开关熔断器组是隔离开关的一极或多极与熔断器串联构成的组合电器。广泛用于照明、电热设备及小容量电动机的控制线路中，手动不频繁地接通和分断电路的场所，与熔断体配合起短路保护的作用。常用的有 HK2、HK8 系列旋转式隔离开关熔断器组，又称开启式负荷开关或胶盖瓷底开关。HK2 系列开启式负荷开关由隔离开关和熔体组合而成，瓷底座上装有进线座、静触头、熔体、出线座及带瓷质手柄的刀片式动触头，上面装有胶盖以防操作时触及带电体或分断时熔断器产生的电弧飞出伤人，结构如图 2－33 所示。

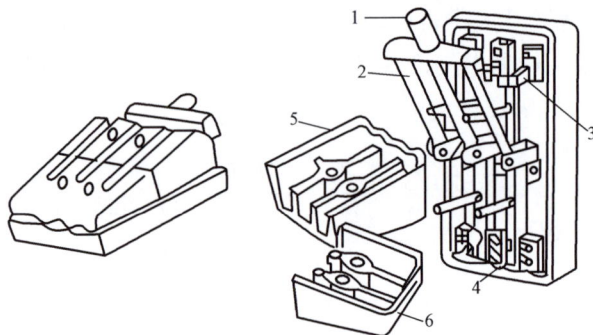

图 2－33　HK2 型开启式负荷隔离开关结构示意图
1—手柄；2—刀闸；3—静触座；4—安装熔丝的接头；5—上胶盖；6—下胶盖

HK 系列开启式负荷开关由于结构简单、价格便宜，目前广泛作为隔离电器使用。但由于这种开关体积大、动触头和静触头易发热出现熔蚀现象，新型的 HY122 隔离开关正逐步取代 HK 系列开启式负荷开关。

HK 系列旋转式隔离开关熔断器组的型号及含义如下：

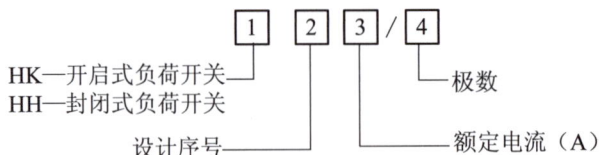

HK—开启式负荷开关
HH—封闭式负荷开关
设计序号
极数
额定电流（A）

2. 低压组合开关

组合开关又称转换开关，一般用于交流 380V、直流 220V 以下的电气线路中，供手动不频繁地接通与分断电路，以及小容量感应电动机的正、反转和"星－三角"降压启动的控制。它具有体积小、触点数量多、接线方式灵活、操作方便等特点。

（1）结构特点。

HZ 系列组合开关有 HZ1、HZ2、HZ3、HZ4、HZ5 以及 HZ10 等系列产品，开关的动、静触点都安放在数层胶木绝缘座内，胶木绝缘座可以一个接一个地组装起来，多达 6 层。动触点由两片铜片与具有良好灭弧性能的绝缘纸板组合而成，其结构有 90° 与 180° 两种。动触点连同与它组合在一起的隔弧板套在绝缘方轴上，两个静触点则分置在胶木座边沿的两个凹槽内。动触点分断时，静触点一端插在隔弧板内；当接通时，静触点一端则夹在动触点的两片铜片中，另一端伸出绝缘座外边以便接线。当绝缘方轴转过 90° 时，触点便接通或分断一次。而触点分断时产生的电弧，则在隔板中熄灭。由于组合开关操动机构采用扭簧储能机构，使开关快速动作，且不受操作速度的影响。组合开关按不同形式配置动触点与静触点，以及绝缘座堆叠层数不同，可组合成几十种接线方式，常用的 HZ10 系列组合开关的结构如图 2-34 所示。

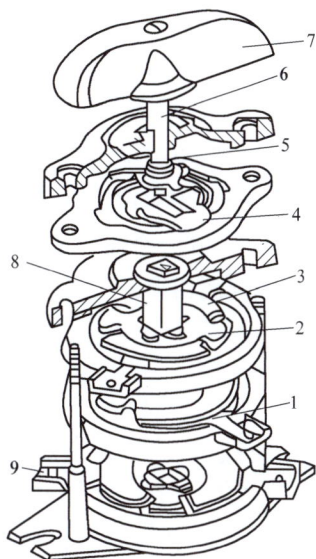

图 2-34　HZ10 系列组合开关结构图

1—静触片；2—动触片；3—绝缘垫板；4—凸轮；5—弹簧；6—转轴；7—手柄；8—绝缘杆；9—接线柱

（2）型号含义。

HZ 系列低压组合开关的型号含义如下：

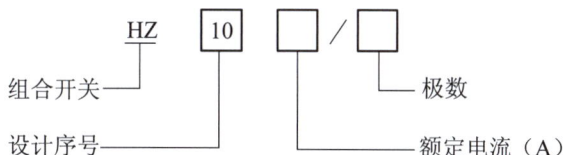

3. 低压熔断器

熔断器是一种最简单的保护电器，它串联于电路中，当电路发生短路或过负荷时，熔体熔断自动切断故障电路，使其他电气设备免遭损坏。低压熔断器具有结构简单，价格便宜，使用、维护方便，体积小，重量轻等优点，因而得到广泛应用。

（1）低压熔断器的型号、种类及结构。

1）低压熔断器的型号和含义如下：

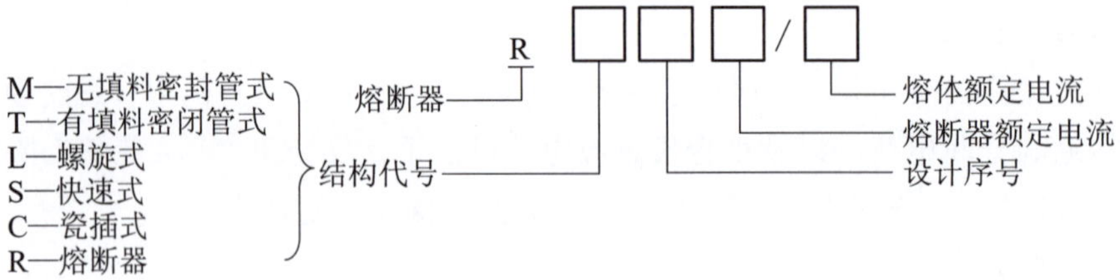

M—无填料密封管式
T—有填料密闭管式
L—螺旋式
S—快速式
C—瓷插式
R—熔断器

结构代号

熔断器 R
熔体额定电流
熔断器额定电流
设计序号

2）低压熔断器的使用类别及分类。低压熔断器按结构形式不同，有触刀式、螺栓连接、圆筒帽、螺旋式、圆管式、瓷插式等形式。按用途不同可分为一般工业用熔断器、半导体保护用熔断器和自复熔断器等。

3）常用低压熔断器。熔断器一般由金属熔体、连接熔体的触点装置和外壳组成。常用低压熔断器外形如图 2-35 所示。低压熔断器的产品系列、种类很多，常用的产品系列有 RL 系列螺旋管式熔断器，RT 系列有填料密封管式熔断器，RM 系列无填料封闭管式熔断器，NT（RT）系列高分断能力熔断器，RLS、RST、RS 系列半导体保护用快速熔断器，HG 系列熔断器式隔离器等。

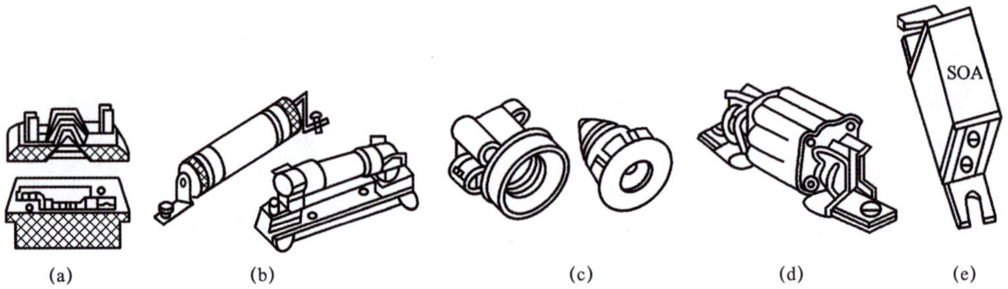

图 2-35 常用低压熔断器

（a）瓷插式熔断器；（b）RM10 无填材封闭管式熔断器；（c）RL16 螺旋式熔断器；
（d）RTO 有填料封闭式熔断器；（e）RS3 快速熔断器

4）熔体材料及特性。熔体是熔断器的核心部件，一般由铅、合金、锌、铝、钢等金属材料制成。由于熔断器是利用熔体熔化切断电路，因此要求熔体的材料熔点低、导电性能好、不易氧化和易于加工。

5）熔断器工作原理。当电路正常运行时，流过熔断器的电流小于熔体的额定电流，熔体正常发热温度不会使熔体熔断，熔断器长期可靠运行；当电路过负荷或短路时，流过熔断器的电流大于熔体的额定电流，熔体熔化切断电路。

（2）熔断器的技术参数及工作特性。

1）熔断器技术参数。

熔断器的主要技术参数有额定电压、额定电流和极限分断能力。

a. 额定电压，指熔断器长期能够承受的正常工作电压。熔断器的额定电压应等于熔断器安装处电网的额定电压。如果熔断器的工作电压低于其额定电压，熔体熔断时可能会产生危险的过电压。

b. 熔断器的额定电流，指在一般环境温度（不超过 40℃）下，熔断器外壳和载流部分长期允许通过的最大工作电流。

c. 熔体的额定电流，指熔体允许长期通过而不熔化的最大电流。一种规格的熔断器可以装设不同额定电流的熔体，但熔体的额定电流应不大于熔断器的额定电流。

d. 极限分断电流，指熔断器能可靠分断的最大短路电流。

2）工作特性。

a. 电流－时间特性。熔断器熔体的熔化时间与通过熔体电流之间的关系曲线（如图 2－36 所示），称为熔体的电流－时间特性，又称为安秒特性。熔断器的安秒特性由制造厂家给出，通过熔体的电流和熔断时间呈反时限特性，即电流越大，熔断时间就越短。图 2－36 中为额定电流不同的熔体 1 和熔体 2 的安秒特性曲线，熔体 2 的额定电流小于熔体 1 的额定电流，熔体 2 的截面积小于熔体 1 的截面积，同一电流通过不同额定电流的熔体时，额定电流小的熔体先熔断，例如同一短路电流 I_d 流过两熔体时，$t_2<t_1$，熔体 2 先熔断。

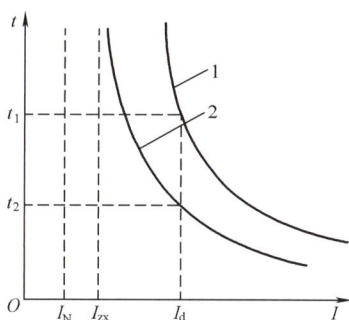

图 2－36　熔断器的安秒特性　　　图 2－37　熔断器的配合接线

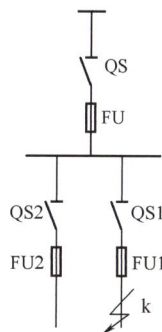

b. 熔体的额定电流与最小熔化电流。熔体的额定电流指熔体长期工作而不熔化的电流，由熔断器的安秒特性曲线可以看出，随着流过熔体电流逐渐减少，熔化时间不断增加。当电流减少到一定值时，熔体不再熔断，熔化时间趋于无穷大，该电流值称为最小熔化电流，用 I_{zx} 表示。

c. 熔断器短路保护的选择性。选择性是指当电网中有几级熔断器串联使用时，如果某一线路或设备发生故障时，应当由保护该设备的熔断器动作，切断电路，即为选择性熔断；如果保护该设备的熔断器不动作，而由上一级熔断器动作，即为非选择性熔断。发生非选择性熔断时扩大了停电范围会造成不应有的损失。图 2－37 所示电路中，在 k 点发生短路时，FU1 应该先熔断，FU 不应该动作。在一般情况下，如果上一级熔断器的熔断时间为下一级熔断器熔断时间的 3 倍，就可以保证选择性熔断。当熔体为同一材料时，上一级的额定电流为下一级额定电流的 2～4 倍。

4. 低压断路器

低压断路器又称自动空气开关、自动开关，是低压配电网和电力拖动系统中常用的一种配电电器。低压断路器的作用是在正常情况下，不频繁地接通或开断电路；在故障情况下，切除故障电流，保护线路和电气设备。低压断路器具有操作安全、安装使用方便、分断能力较高等优点，因此，在各种低压电路中得到广泛应用。

（1）低压断路器分类及型号。

低压断路器是利用空气作为灭弧介质的开关电器，低压断路器按用途分为配电用和保护电动机用；按结构形式分为塑壳式和框架式（万能式）。

目前我国框架式断路器主要有 DW15、DW16、DW17（ME）、DW45 等系列；塑壳式断路器主要有 DZ20、CM1、TM30 等系列。下面以 DZ20 断路器为例，其型号含义如下：

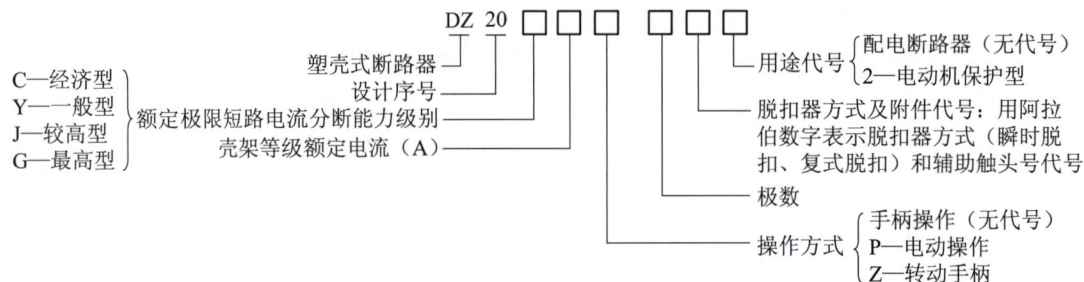

低压断路器的主要特征及技术参数有额定电压、额定频率、极数、壳架等级额定电流、额定运行分断能力、极限分断能力、额定短时耐受电流、过流保护脱扣器时间 – 电流曲线、安装形式、机械寿命及电寿命等。

（2）低压断路器基本结构及工作原理。

常用低压断路器由脱扣器、触头系统、灭弧装置、传动机构和外壳等部分组成。

脱扣器是低压断路器中用来接收信号的元件，用它来释放保持机构而使开关电器打开或闭合。当低压断路器所控制的线路出现故障或非正常运行情况时，由操作人员或继电保护装置发出信号时，脱扣器会根据信号通过传递元件使触头动作跳闸，切断电路。触头系统包括主触头、辅助触点。主触头用来分、合主电路，辅助触点用于控制电路，用来反映断路器的位置或构成电路的联锁。主触头有单断口指式触头、双断口桥式触头和插入式触头等几种形式。低压断路器的灭弧装置一般为栅片式灭弧罩，灭弧室的绝缘一般用钢板纸压制或用陶土烧制。

低压断路器脱扣器的种类有：热脱扣器、电磁脱扣器、失压脱扣器和分励脱扣器等。

热脱扣器起过载保护作用，热脱扣器按动作原理不同，分为有热动式和液压式；电磁脱扣器又称短路脱扣器或瞬时过流脱扣器，起短路保护作用；失压脱扣器与被保护电路并联，起欠压或失压保护作用；分励脱扣器的电磁线圈被保护电路并联，用于远距离控制断路器跳闸。

低压断路器的工作原理如图 2–38 所示。断路器正常工作时，主触头串联于三相电路中，合上操作手柄，外力使锁扣克服反作用力弹簧的拉力，将固定在锁扣上的动、静触头闭合，并由锁扣扣住牵引杆，使断路器维持在合闸位置。当线路发生短路故障时，电磁脱扣器产生足够的电磁力将衔铁吸合，通过杠杆推动搭钩与锁扣分开，锁扣在反作用力弹簧的作用下，带动断路器的主触头分闸，从而切断电路；当线路过载时过载电流流过热元件使双金属片受热向上弯曲，通过杠杆推动搭钩与锁扣分开，锁扣在反作用力弹簧的作用下，带动断路器的主触头分闸，从而切断电路。

（3）常见低压断路器。

1）塑壳式断路器。塑壳式断路器的主要特征是所有部件都安装在一个塑料外壳中，没有裸露的带电部分，提高了使用的安全性。塑壳式断路器多为非选择型，一般用于配电馈线控制和保护、小型配电变压器的低压侧出线总开关、动力配电终端控制和保护，以及住宅配电终端控制和

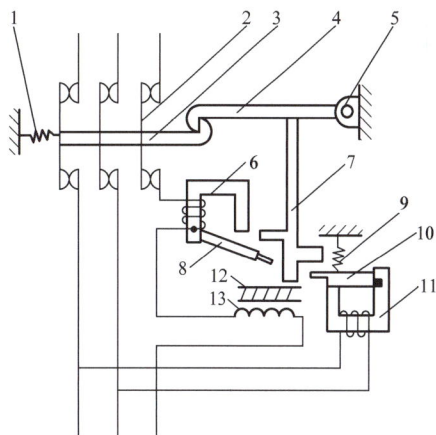

图2-38 低压熔断器工作原理示意图

1、9—弹簧；2—触点；3—锁键；4—搭钩；5—轴；
6—电磁脱扣器；7—杠杆；8、10—衔铁；
11—欠电压脱扣器；12—双金属片；13—电阻丝

保护，也可用于各种生产机械的电源开关。小容量（50A以下）的塑壳式断路器采用非储能式闭合，手动操作；大容量断路器的操动机构采用储能式闭合，可以手动操作，亦可由电动机操作。电动机操作可实现远方遥控操作。塑壳式断路器外形示意图如图2-39所示。

2）框架式断路器。框架式断路器是在一个框架结构的底座上装设所有组件。由于框架式断路器可以有多种脱扣器的组合方式，而且操作方式较多，故又称为万能式断路器。CW系列万能式断路器外形示意如图2-40所示。

图2-39 塑壳式断路器外形示意图

图2-40 CW系列万能式断路器示意图

框架式断路器容量较大，其额定电流为630~5000A，一般用于变压器400V侧出线总开关、母线联络断路器或大容量馈线断路器和大型电动机控制断路器。

3）智能断路器。智能断路器由触头系统、灭弧系统、操动机构、互感器、智能控制器、

辅助开关、二次接插件、欠压和分励脱扣器、传感器、显示屏、通信接口、电源模块等部件组成。智能脱扣器原理框图如图 2-41 所示。智能脱扣器的保护特性有：过载长延时保护、短路短延时保护、反时限、定时限、短路瞬时保护、接地故障定时限保护。

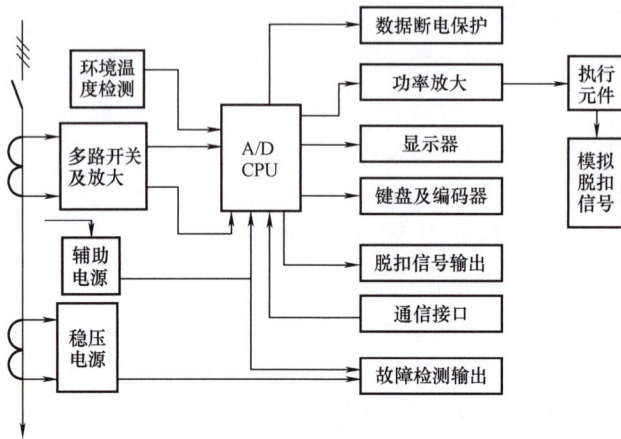

图 2-41　智能脱扣器原理框图

智能断路器的核心部分是智能脱扣器。它由实时检测、微处理器及其外围接口和执行元件三个部分组成。

a. 实时检测。智能断路器要实现控制和保护作用，电压、电流等参数的变化必须反映到微处理器上。

b. 微处理器系统。这是智能脱扣器的核心部分，由微处理与外围接口电路组成，对信号进行实时处理、存储、判别，对不正常运行进行监控等。

c. 执行部分。智能脱扣器的执行元件是磁通变换器，其磁通全封闭或半封闭，正常工作时靠永磁体保证铁心处于闭合状态，脱扣器发出脱扣指令时，线圈通过的电流产生反磁场抵消了永磁体的磁场，动铁心靠反作用力弹簧动作推动脱扣件脱扣。

智能断路器外形示意图如图 2-42 所示。

4）微型断路器。微型断路器是一种结构紧凑、安装便捷的小容量塑壳断路器，主要用来保护导线、电缆和作为控制照明的低压开关，所以亦称导线保护开关。一般均带有传统的热脱扣、电磁脱扣，具有过载和短路保护功能。其基本形式为宽度在 20mm 以下的片状单极产品，将两个或两个以上的单极组装在一起，可构成联动的二、三、四极断路器。微型断路器广泛应用于高层建筑、机床工业和商业系统，随着家用电器的发展，现已深入到民用领域。国际电工委员会（IEC）已将此类产品划入家用断路器。

目前我国生产的微型断路器有 K 系列和引进技术生产的 S 系列、C45 和 C45N 系列、PX 系列等。C 型系列断路器如图 2-43 所示。

图 2-42 智能断路器外形示意图

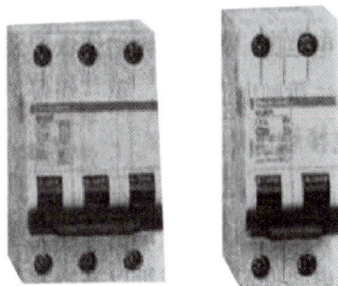

图 2-43 C 型系列断路器

5. 交流接触器

接触器是一种自动电磁式开关，用于远距离频繁地接通或开断交、直流主电路及大容量控制电路。接触器的主要控制对象是电动机，能完成启动、停止、正转、反转等多种控制功能，也可用于控制其他负载，如电热设备、电焊机以及电容器组等。接触器按主触点通过电流的种类，分为交流接触器和直流接触器。

（1）交流接触器型号及含义如下：

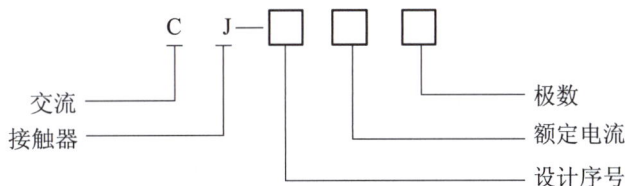

常用交流接触器的型号 CJ20 等系列，它的主要特点是动作快、操作方便、便于远距离控制，广泛用于电动机、电热设备及机床等设备的控制。其缺点是噪声偏大，寿命短，只能通断负荷电流，不具备保护功能，使用时要与熔断器、热继电器等保护电器配合使用。

（2）交流接触器结构及工作原理。

1）交流接触器基本结构。交流接触器主要由电磁系统、触点系统、灭弧装置及辅助部件等组成。电磁系统由电磁线圈、铁心、衔铁等部分组成，其作用是利用电磁线圈的得电或失电，使衔铁和铁心吸合或释放，实现接通或关断电路的目的。

2）交流接触器的触点可分为主触点和辅助触点。主触点用于接通或开断电流较大的主电路。一般由三对接触面较大的动合触点组成。辅助触点用于接通或开断电流较小的控制电路，一般由两对动合和动断触点组成。

3）交流接触器工作原理。交流接触器的工作原理如图 2-44 所示，当按下按钮 7，接触器的线圈 6 得电后，线圈中流过的电流产生磁场，使铁心产生足够的吸力，克服弹簧的反作用力，将衔铁吸合，通过传动机构带动主触点和辅助动合触点闭合，辅助动断触点断开。当松开按钮，线圈失电，衔铁在反作用力弹簧 4 的作用下返回，带动各触点恢复到原来状态。

51

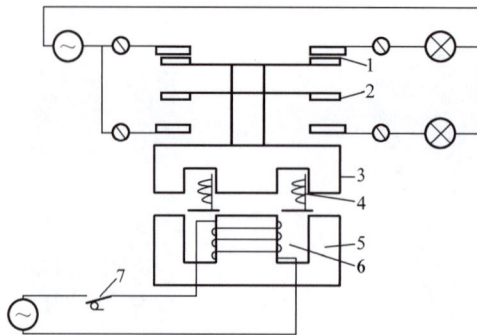

图 2-44　交流接触器的工作原理

1—静触点；2—动触点；3—衔铁；4—反作用力弹簧；5—铁心；6—线圈；7—按钮

常用的 CJ20 等系列交流接触器在 85%～105%额定电压时，能保证可靠吸合；电压降低时，电磁吸力不足，衔铁不能可靠吸合。运行中的交流接触器，当工作电压明显下降时，由于电磁力不足以克服弹簧的反作用力，衔铁返回，使主触点断开。

6. 控制继电器

（1）热继电器。

热继电器是一种电气保护元件。它是利用电流的热效应推动动作机构，使触点闭合或断开的保护电器，主要用于电动机的过载保护、断相保护、电流不平衡保护以及其他电气设备发热状态时的控制。

热继电器是根据控制对象的温度变化来控制电流流过的继电器，即利用电流的热效应动作的电器，它主要用于电动机的过载保护。热继电器由热元件、触点、动作机构、复位按钮和定值装置组成。常用的热继电器如 JR20T、JR36、3UA 等系列。

1）热继电器型号及含义如下：

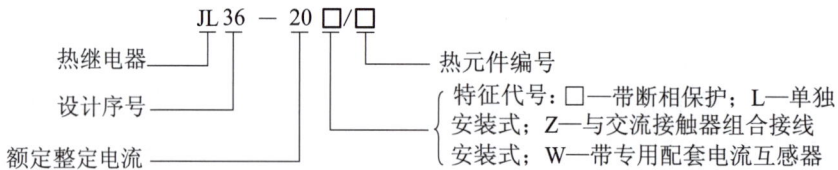

2）热继电器结构及工作原理。

热继电器由热元件、触点系统、动作机构、复位按钮和定值装置组成。热继电器的工作原理如图 2-45 所示。图中发热元件 1 是一段电阻不大的电阻丝，它缠绕在双金属片 2 上。双金属片由两片膨胀系数不同的金属片叠加在一起制成。如果发热元件中通过的电流不超过电动机的额定电流，其发热量较小，双金属片变形不大；当电动机过载，流过发热元件的电流超过额定值时发热量较大，为双金属片加温，使双金属片变形上翘。若电动机持续过载，经过一段时间之后，双金属片自由端超出扣板 3，扣板会在弹簧 4 的拉力作用下发生角位移，带动辅助动断触点 5 断开。在使用时，热继电器的辅助动断触点串接在控制电路中，当它断开时，使接触器线圈断电，电动机停止运行。经过一段时间之后，双金属片逐渐冷却，恢复原状。这时，按下复位按钮，使双金属片自由端重新抵住扣板，辅助动断触点又重新闭合，接通控制电路，电动机又可重新启动。热继电器有热惯性，不能用于短路保护。

（2）电磁式电流继电器、电压继电器及中间继电器。

低压控制系统中采用的控制继电器大部分为电磁式继电器。这是因为它结构简单、价格低廉，能满足一般情况下的技术要求。图2-46为电磁式电流继电器的结构示意图。

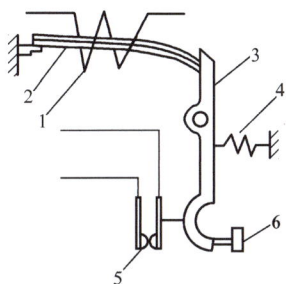

图2-45　热继电器的工作原理
1—发热元件；2—双金属片；3—扣板；4—弹簧；
5—辅助动断触点；6—复位按钮

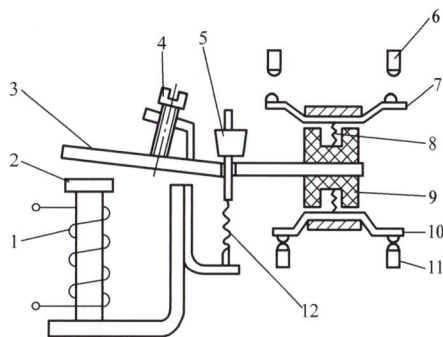

图2-46　电磁式电流继电器的结构示意图
1—电流线圈；2—铁心；3—衔铁；4—制动螺栓；5—反作用调节螺母；
6、11—静触点；7、10—动触点；8—触点弹簧；9—绝缘支架；
12—反作用力弹簧

图2-46为拍合式电磁铁，当通过电流线圈1的电流超过某一额定值，电磁吸力大于反作用力弹簧12的力时，衔铁3吸合并带动绝缘支架9动作，使动断触点10、11断开，动合触点6、7闭合。反作用调节螺母5用来调节反作用力的大小，即用来调节继电器的动作参数。

过电流继电器或过电压继电器在额定参数下工作时，其电磁式继电器的衔铁处于释放位置。当电路出现过电流或过电压时，衔铁才吸合动作；而当电路的电流或电压降低到继电器的复归值时，衔铁才返回释放状态。

对于欠电流继电器或欠电压继电器在额定参数下工作时，其电磁式继电器的衔铁处于吸合状态。当电路出现欠电流或欠电压时，衔铁动作释放；而当电路的电流或电压上升后，衔铁才返回吸合状态。

电流继电器与电压继电器在结构上的区别主要在线圈上，电流继电器的线圈与负载串联，用以反映负载电流，故线圈匝数少，导线粗；电压继电器的线圈与负载并联，用以反映电压的变化，故线圈匝数多，导线细。

中间继电器的触点量较多，在控制回路中起增加触点数量和中间放大作用。由于中间继电器的动作参数无需调节，所以中间继电器没有调节弹簧装置。

（3）时间继电器。

当继电器的感受部分接受外界信号后，经过一段时间才使执行部分动作，这类继电器称为时间继电器。按其动作原理可分为电磁式、空气阻尼式、电动式与电子式，按延时方式可分为通电延时型与断电延时型两种。常用的有空气阻尼式、电子式和电动式。

1）空气阻尼式时间继电器。空气阻尼式时间继电器又称为气囊式时间继电器，它是利用空气阻尼的原理配合微动开关来产生延时效果的，主要由电磁机构、触点系统和延时机构组成。常用的产品有 JS7 和 JS23 两个系列。JS7 系列空气阻尼式时间继电器结构简单、价格低，但延时范围小且延时精度及稳定性较差。

系列产品有 JS7－1A、JS7－2A、JS7－3A、JS7－4A 四种，JS7－3A 型空气阻尼式时间继电器外形如图 2－47 所示。

JS23 系列时间继电器为近代产品。它由一个具有四个瞬动触点的中间继电器为主体，加上一个延时机构组成。延时机构包括波纹状气囊、排气阀门、具有细长环形槽的延时片、调时旋钮及动作弹簧等，如图 2－48 所示。

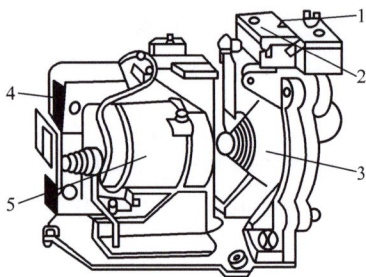

图 2－47 JS7－3A 型空气阻尼式时间继电器外形
1—进气囊调整螺栓；2—延时触点；3—气囊；
4—衔铁心；5—线圈

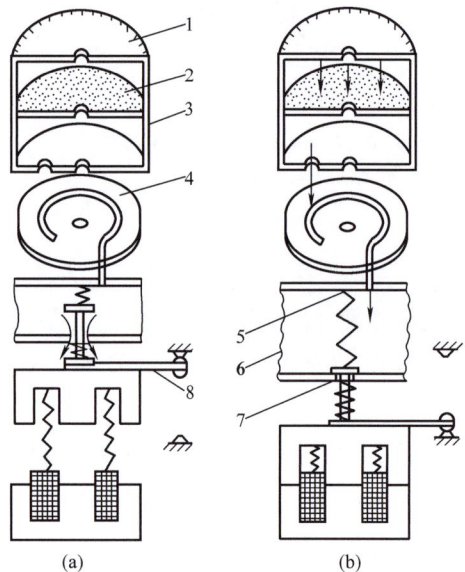

图 2－48 JS23 系列通电延时型时间继电器的构造
1—铭牌；2—滤气片；3—调时旋钮；4—延时片；5—动作弹簧；
6—波纹状气囊；7—阀门弹簧；8—阀杆

2）电子式时间继电器。电子式时间继电器有晶体管阻容式和数字式等不同种类，前者的基本原理是利用阻容电路的充放电来产生延时效果，常用的有 JS14 和 JS20 系列。JS14 系列时间继电器的外形如图 2－49 所示，JS14 系列时间继电器的接线如图 2－50 所示。

JS20 系列电子式时间继电器产品品种齐全、延时时间长、线路较简单、延时调节方便、温度补偿性能好、电容利用率高、延时误差小、触点容量大，但也存在抗干扰性差、修理不便、价格高等缺点。

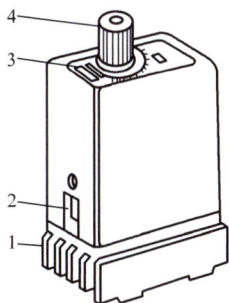

图 2-49 JS14 系列时间继电器外形图
1—插座；2—锁扣；3—面板；4—延时调节旋钮

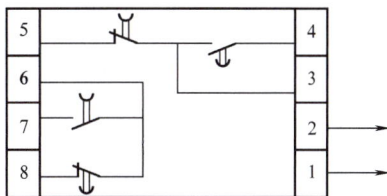

图 2-50 JS14 时间继电器接线图

3）电动式时间继电器。电动式时间继电器利用小型同步电动机带动电磁离合器、减速齿轮及杠杆机构来产生延时。它的突出特点是：延时范围大、精度较高，但体积大、结构复杂、寿命较低。较常用的有 JS11 系列电动式时间继电器，其外形和接线分别如图 2-51 和图 2-52 所示。

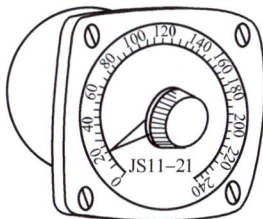

图 2-51 JS11 电动式时间继电器外形图

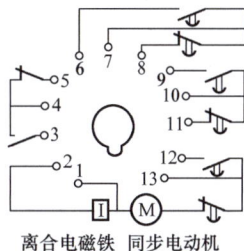

图 2-52 JS11 电动式时间继电器接线图

7. 低压成套配电装置

将一个配电单元的开关电器、保护电器、测量电器和必要的辅助设备等电器元件安装在标准的柜体中，就构成了单台配电柜。将配电柜按照一定的要求和接线方式组合，并在柜顶用母线将各单台柜体的电气部分连接，构成了成套配电装置。配电装置按电压等级高低分为高压成套配电装置和低压成套配电装置，按电气设备安装地点不同分为屋内配电装置和屋外配电装置，按组装方式不同分为装配式配电装置和成套式配电装置。

（1）低压配电装置分类。

低压配电装置按结构特征和用途的不同，分为固定式低压配电柜（又称屏）、抽屉式低压开关柜以及动力、照明配电控制箱等。

固定式低压配电柜按外部设计不同可分为开启式和封闭式。开启式低压配电柜正面有防护作用面板遮拦，背面和侧面仍能触及带电部分，防护效级低，目前已不再提倡使用。封闭式低压配电柜，除安装面外，其他所有侧面都被封闭起来。配电柜的开关、保护和监测控制等电气元件，均安装在一个用钢或绝缘材料制成的封闭外壳内，可靠墙或离墙安装。柜内每条回路之间可以不加隔离措施，也可以采用接地的金属板或绝缘板进行隔离。通常门与主开关操作有机械联锁，以防止误入带电间隔操作。

抽屉式开关柜采用钢板制成封闭外壳，进出线回路的电器元件都安装在可抽出的抽屉中，构成能完成某一类供电任务的功能单元。功能单元与母线或电缆之间，用接地的金属板或塑料制成的功能板隔开，形成母线、功能单元和电缆三个区域，每个功能单元之间也有隔离措施。抽屉式开关柜有较高的可靠性、安全性和互换性，是比较先进的开关柜，目前生产的开关柜多数是抽屉式开关柜。

动力、照明配电控制箱多为封闭式垂直安装，因使用场合不同，外壳防护等级也不同。它们主要作为工矿企业生产现场的配电装置。

低压配电系统通常包括受电柜（即进线柜）、馈电柜（控制各功能单元）和无功功率补偿柜等。受电柜是配电系统的总开关，从变压器低压侧进线，控制整个系统。馈电柜直接对用户的受电设备，控制各用电单元。电容补偿柜根据电网负荷消耗的感性无功量的多少自动地控制并联补偿电容器组的投入，使电网的无功消耗保持到最低状态，从而提高电网电压质量，减少输电系统和变压器的损耗。

（2）常用的低压成套配电装置。

常用的低压成套配电装置有 PGL、GGD 型低压配电柜和 GCK（GCL）、GCS、MNS 抽屉式开关柜等。

1）GGD 型低压配电柜。

GGD 型低压配电柜适用于发电厂、变电所、工业企业等电力用户作为交流 50Hz、额定工作电压 380V、额定电流 3150A 的配电系统中作为动力、照明及配电设备的电能转换、分配与控制之用，具有分断能力高、动热稳定性好、结构新颖合理、电气方案灵活、系列性适用性强、防护等级高等特点。

a. 型号及含义如下：

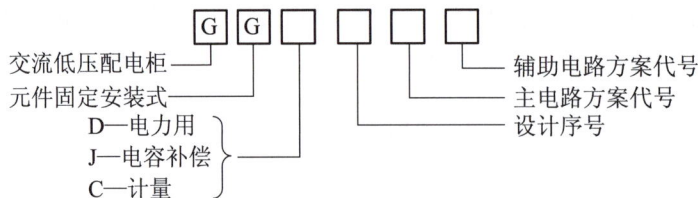

GGD 型低压配电柜按其分断能力不同可分为 1、2、3 型，1 型的最大开断能力为 15kA，2 型为 30kA，3 型为 50kA。

b. 结构特点。GGD 型配电柜的柜体框架采用冷弯型钢焊接而成，框架上分别有 $E=20mm$ 和 $E=100mm$ 模数化排列的安装孔，可适应各种元器件装配。柜门的设计考虑到标准化和通用化，柜门采用整体单门和不对称双门结构，清晰美观，柜体上部留有一个供安装各类仪表、指示灯、控制开关等元件用的小门，便于检查和维修。柜体的下部、后上部与柜体顶部均留有通风孔，并加网板密封，使柜体在运行中自然形成一个通风道，达到散热的目的。

GGD 型配电柜使用的 ZMJ 型组合式母线夹由高阻燃 PPO 材料热塑成型，采用积木式组合，具有机械强度高、绝缘性能好、安装简单、使用方便等优点。

GGD 型配电柜根据电路分断能力要求可选用 DW15（DWX15）～DW45 等系列断路器，选用 HD13BX（或 HSI3BX）型旋转操作式隔离开关以及 CJ20 系列接触器等电器元件。GGD 型配电柜的主、辅电路采用标准化方案，主电路方案和辅助电路方案之间有固定的对应关系，一个主电路方案应有若干个辅助电路方案。GGD 型配电柜主电路方案举例如图 2–53 所示。

方案编号	09	35	52	58
一次接线方案图				
用途	受电、联络	馈电	照明	馈电（电动机）

图 2–53　GGD 型配电柜主电路一次接线方案

图 2–54 所示为 GGD 型配电柜外形尺寸及安装示意图。GGD 型配电柜的外形尺寸为长 × 宽 × 高 =（400，600，800，1000）mm × 600mm × 2000mm。每面柜既可作为一个独立单元使用，也可与其他柜组合成各种不同的配电方案，因此使用比较方便。

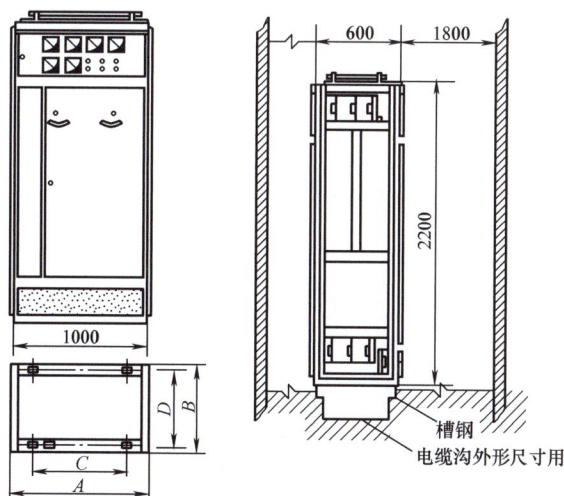

图 2–54　GGD 型配电柜外形尺寸及安装示意图

2）GCL 低压抽出式开关柜。

a. 型号及含义如下：

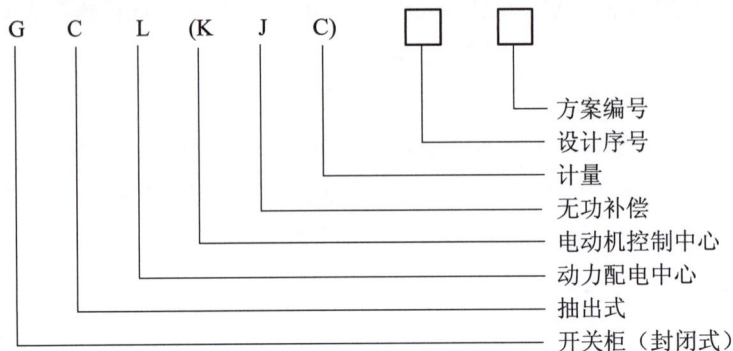

型号说明：
- 方案编号
- 设计序号
- 计量
- 无功补偿
- 电动机控制中心
- 动力配电中心
- 抽出式
- 开关柜（封闭式）

b. 结构特点。GCL 系列低压抽出式开关柜用于交流 50（60）Hz，额定工作电压 660V 及以下，额定电流 400～4000A 的电力系统中作为电能分配和电动机控制使用。

开关柜属间隔型封闭结构，一般由薄钢板弯制、焊接组装。也可采用异型钢材，采用角板固定、螺栓连接的无焊接结构。选用时，可根据需要加装底部盖板。内外部结构件分别采取镀锌、磷化、喷涂等处理手段。

GCL 系列抽出式开关柜柜体分为母线区、功能单元区和电缆区，一般按上、中、下顺序排列。母线室、互感器室内的功能单元均为抽屉式，每个抽屉均有工作位置、试验位置、断开位置，为检修、试验提供方便。每个间隔室用隔板分开，以防止事故扩大，保证人身安全。GCL 系列低压抽出式开关柜根据功能需要可选用 DZX10（或 DZ10）系列断路器、CJ20 系列接触器、JR 系列热继电器、QM 系列熔断器等电器元件。其主电路有多种接线方案，以满足进线受电、联络、馈电、电容补偿及照明控制等功能需要。GCL 配电柜主电路接线方案举例如图 2-55 所示，其外形尺寸及安装示意如图 2-56 所示。

一次接线方案编号	09	30	73	77
一次接线方案图				
用途	受电、联络	电缆出线	功率因数补偿	照明

图 2-55　GCL 配电柜主电路一次接线方案

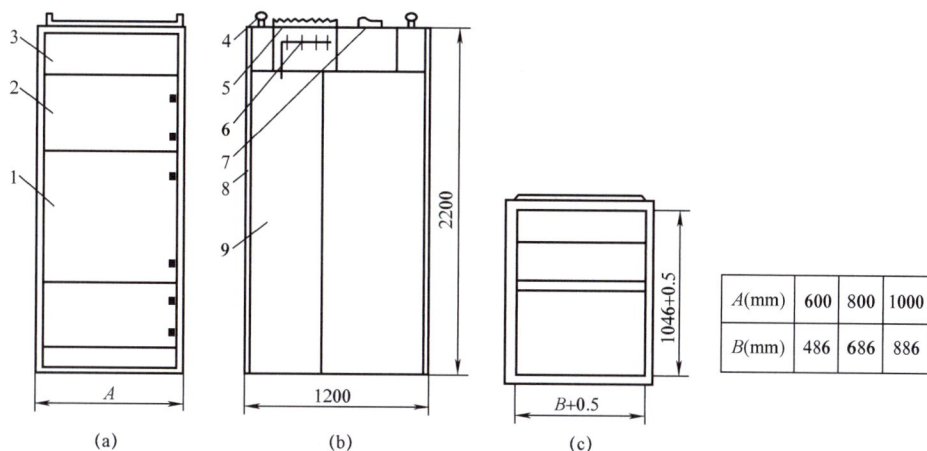

图 2－56　GCL 外形尺寸及安装示意图

1—隔室门；2—仪表门；3—控制室封板；4—吊环；5—防尘盖后门；6—主母线室；7—压力释放装置；8、9—侧板

A(mm)	600	800	1000
B(mm)	486	686	886

3）GCK 系列电动控制中心。

GCK 系列电动控制中心由各功能单元组合而成为多功能控制中心，这些单元垂直重叠安装在封闭式的金属柜体内。柜体共分水平母线区、垂直母线区、电缆区和设备安装区 4 个互相隔离的区域，功能单元分别安装在各自的小室内。当任何一个功能单元发生事故时，均不影响其他单元，可以防止事故扩大。所有功能单元均能按规定的性能分断短路电流，且可通过接口与可编程序控制器或微处理机连接，作为自动控制的执行单元。

GCK 系列电动控制中心的接线举例如图 2－57 所示，其外形尺寸及安装示意如图 2－58 所示。

一次接线方案编号	BZf21S00	BLb63S00	GRk51S20	BQb14S00	HQj3IS20
一次接线方案图	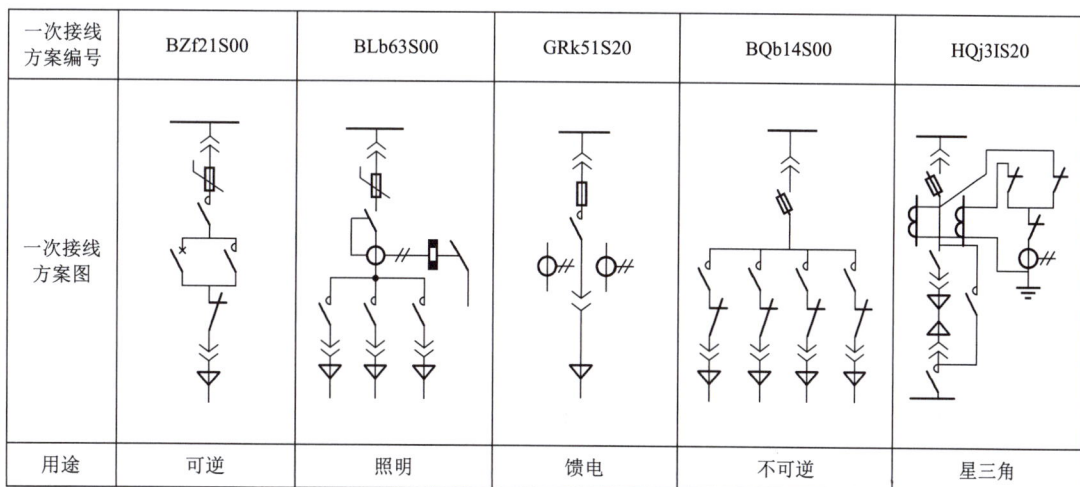				
用途	可逆	照明	馈电	不可逆	星三角

图 2－57　GCK 系列电动控制中心的主电路一次接线方案

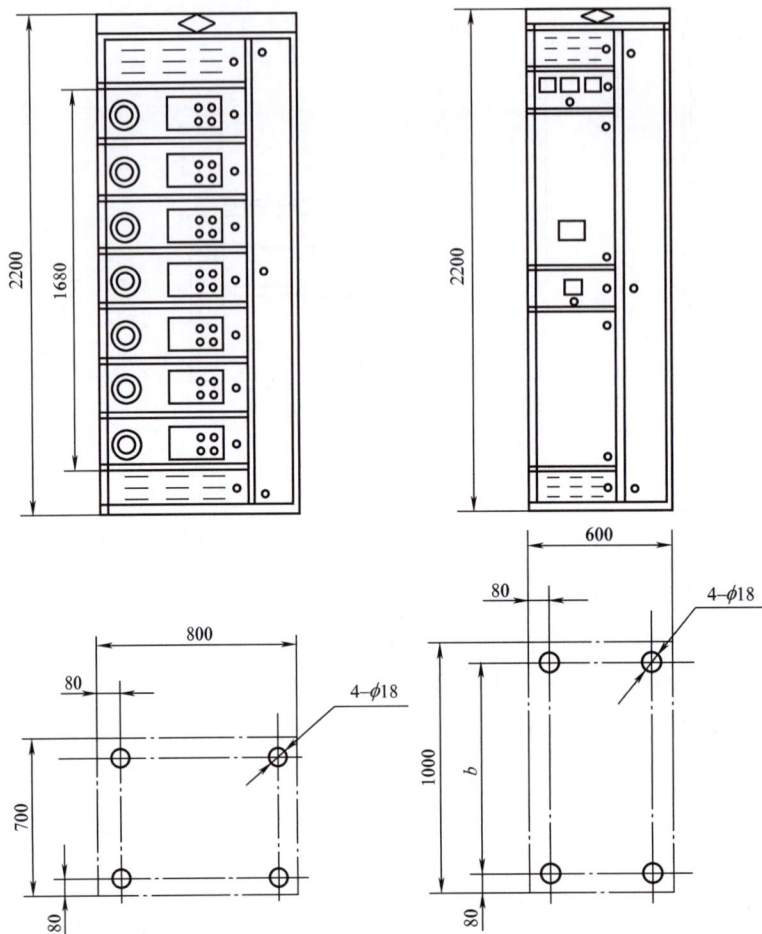

图 2-58　GCK 型配电柜外形尺寸及安装示意图

二、计量装置

电力的生产和其他产品的生产不同，其特点是发电厂发电、供电部门供电、用户用电这三个部门连成一个系统，不间断地同时完成，而且是相互紧密联系缺一不可，而它们之间电量如何销售、如何经济计算，那就需要一个计量装置在三个部门之间测量计算出电能的数量，这个计量装置就是电能计量装置。没有它，在发、供、用电三个方面就没法进行销售、买卖，所以电能计量装置在发、供、用电的地位是十分重要的。我们把电能表和与其配合使用的互感器以及电能表到互感器二次回路接线统称为计量装置。

（一）电能表

电能表是测量电能的专用仪表，是电能计量最基础的设备，广泛用于发电、供电和用电各个环节。

1. 电能表的基本知识

（1）常用电能表的分类。

电能表按其使用的电路可分为直流电能表和交流电能表，交流电能表按其相线又可分为：单相电能表、三相三线电能表和三相四线电能表。

电能表按其工作原理可分为电气机械式电能表和电子式电能表（又称静止式电能表、固态式电能表）。电气机械式电能表是用于交流电路作为普通的电能测试仪表，可分为感应型、电动型和磁电型，其中最常用的是感应型电能表。电子式电能表可分为全电子式电能表和机电式电能表，也有将机电式电能表单独列为一类的。

电能表按其结构可分为整体式电能表和分体式电能表。

电能表按其用途可分为有功电能表、无功电能表、最大需量表、标准电能表、复费率分时电能表、预付费电能表、损耗电能表和多功能电能表等。

电能表按其准确度等级可分为普通安装式电能表（0.2、0.5、1.0、2.0、3.0 级）和携带式精密级电能表（0.01、0.02、0.05、0.1、0.2 级）。

（2）电能表的型号及铭牌标志符号的含义。

1）型号及其含义。电能表型号是用字母和数字的拼列来表示的，内容如下：

类别代号＋组别代号＋设计序号＋派生号

类别代号：D——电能表。

组别代号：a. 表示相线：D——单相；S——三相三线；T——三相四线。

b. 表示用途分类：A——安培小时计；B——标准；D——多功能；H——总耗；J——直流；M——脉冲；S——全电子式；X——无功；Z——最大需量；Y——预付费；F——复费率。

设计序号用阿拉伯数字表示。

派生号有：T——湿热、干燥两用；TH——湿热带；TA——干热带用；C——高原用；H——船用；F——化工防腐用。例如：

DD——单相电能表，如 DD862 型、DD701 型、DD95 型；

DS——三相三线有功电能表，如 DS864 型等；

DT——三相四线有功电能表，如 DT862 型、DT864 型；

DX——无功电能表，如 DX862 型、DX863 型；

DJ——直流电能表，如 DJ1 型；

DB——标准电能表，如 DB2 型、DB3 型；

DBS——三相三线标准电能表，如 DBS25 型；

DZ——最大需求量，如 DZ1 型；

DBT——三相四线有功标准电能表，如 DBT25 型；

DSF——三相三线复费率分时电能表，如 DSF1 型；

DSSD——三相三线全电子式多功能电能表，如 DSSD—331 型；

DDY——单相预付费电能表，如 DDY59 型。

2）铭牌，如图 2-59 所示。

图 2-59 所示电能表的铭牌，其内容分述如下：

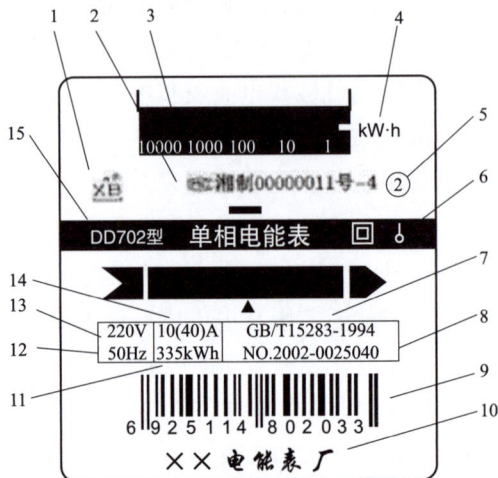

图 2-59 单相电能表的铭牌标识

1—商标；2—计量许可证标识；3—字轮式计量器窗口；4—计量单位名称或符号；5—准确度等级；
6—单相二线有功电能表符号；7—制造标准；8—出厂编号；9—条形码；10—生产厂家；
11—电表常数；12—频率；13—参比电压；14—基本电流和额定最大电流；
15—电能表的名称及型式

a. 商标。

b. 计量许可证标志。

c. 计量单位名称或符号，如有功电能表为"千瓦·时"或"kWh"，无功电能表为"千乏·时"或"kvarh"。

d. 字轮式计度器的窗口，整数位和小数位用不同颜色区分，中间有小数点；若无小数点位，窗口各字轮均有被乘系数，如×100，×10，×1 等。

e. 电能表的名称及型号。

f. 基本电流和额定最大电流。基本电流（旧标准叫标定电流）是确定电能表有关特性的电流值，以 I_d 表示；额定最大电流是仪表能满足其制造标准规定的准确度的最大电流值，以 I_{max} 表示。如 1.5（6）A 即电能表的基本电流值为 1.5A，额定最大电流为 6A。如果额定最大电流小于基本电流的 150% 时，则只标明基本电流。对于三相电能表还应在前面乘以相数，如 3×5（20）A；对于经电流互感器接入式电能表则标明互感器次级电流，以 /5A 表示，电能表的基本电流和额定最大电流可以包括在型式符号中，如 FL246—1.5—6 或 FL246—5（6），若电能表常数中已考虑互感器变比时，应标明互感器变比，如 3×1000/5A。

g. 额定电压。指的是确定电能表有关特性的电压值，以 U_N 表示。对于三相三线电能表以相数乘以线电压表示，如 3×380V；对于三相四线电能表则以相数乘以相电压/线电压表示，如 3×220/380V；对于单相电能表则以电压线路接线端上的电压表示，如 220V。如果电能表通过测量用互感器接入，并且在常数中已考虑互感器变比时，应标明互感器变比，如 3×6000/100V。

h. 额定频率。指的是确定电能表有关特性的频率值，以赫兹（Hz）作为单位。

i. 电能表常数。指的是电能表记录的电能和相应的转数或脉冲数之间关系的常数。有功电能表以 kWh/r（imp）或 r（imp）/kWh 形式表示；无功电能表 kvarh/r（imp）或 r（imp）/kvarh 形式表示。两种常数互为倒数关系。

j. 准确度等级。以记入圆圈中的等级数字表示，如 a，无标志时，电能表视为 2 级。

k. 耐受环境条件的级别，分 P、S、A、B 四组。

l. 制造标准。

m. 制造厂的名称或制造厂的地址、制造年份、出厂编号。

除以上项目外，如果电能表的额定温度不是 23℃，也应在铭牌上标出；用于容性负载的无功电能表应标明"容性负载"；当复费率电能表的切换磁铁的电压不同于额定电压时，应特殊地标在铭牌上或另外的标牌上。

2. 常见电能表介绍

（1）感应式电能表。

常用的单相电能表都是感应式仪表。尽管单相电能表的型号不同，但其基本结构是相似的，都是由测量机构（包括驱动元件、转动元件、制动元件、轴承、计度器）和辅助部件（基架、外壳、端钮盒和铭牌）组成。

1）测量机构。单相电能表测量机构示意如图 2-60 所示。

a. 驱动元件。包括电压元件和电流元件，它的作用是将交变电压和电流转变为穿过转盘的交变磁通，与其在转盘中感应的电流相互作用，产生驱动力矩，使转盘转动。

电压元件由电压铁心、电压线圈和回磁极构成。电压线圈与负载并联，不管是否有负载，电压线圈总是带电的，为使其消耗的功率不超过标准规定的限度，在保证必要的安匝数（一般在

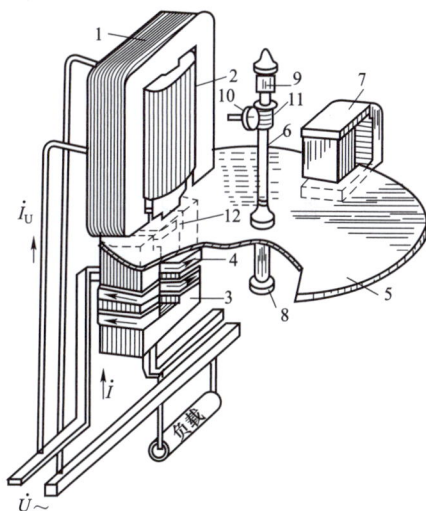

图 2-60 单相电能表测量机构示意

1—电压线圈；2—电压铁心；3—回磁极；4—电流铁心；
5—电流线圈；6—转盘；7—转轴；8—蜗杆；9—涡轮；
10—制动磁铁；11—下轴承；12—上轴承

100～200 安匝）的前提下，为降低电压线圈自身的功率消耗，通常选取较细的漆包线（线径 0.08～0.16mm）和较多的匝数绕制电压线圈。电压铁心用 0.35～0.5mm 厚的高导磁率的优质硅钢片叠制而成。回磁极用于构成电压工作磁通的回路，由 1.5～2mm 厚的钢板冲压而成。

电流元件由电流铁心和电流线圈组成。电流线圈通常分成匝数相似的两部分，分别绕在 U 形铁心的两柱上，线圈的绕制方向应使电流磁通在铁心内部的方向相同。电流线圈与负载串联，为改善负载特性，电流线圈的匝数不应太多，对基本电流为 5A 的电能表，电流线圈一般取 12～20 匝，线径选择按 3～5A/mm^2 设计。

为了提高感应式电能表的过载能力，可在 U 形电流铁心的缺口处加装一个磁分路，进行过载补偿，其作用是当电流过大时，利用磁分路饱和，使经过磁分路的非工作磁通与穿过转盘的工作磁通二者间的分配改变，实现工作磁通与电流的增大成正比，从而使转盘转速与电流的增加保持正比例关系。

b. 转动元件。转动元件由转盘和转轴组成，它能在驱动元件建立的交变磁场的作用下转动。转盘的导电率要大，重量要轻，且有一定的机械强度，通常用直径 80～100mm、厚度 0.8～1.2mm 的合金铝板制成。转轴用有一定强度的铝合金或铜合金棒材制成。转轴上端装有蜗杆和上轴销；蜗杆和涡轮啮合，把转盘的转数按蜗杆、涡轮的啮合比传给计度器累计成用电量。

c. 轴承。轴承是感应式电能表的关键元件。下轴承位于转轴的下端，支撑着整个转动元件，转动元件旋转时减小转动摩擦，其质量的好坏对电能表的准确度和使用寿命影响很大。上轴承位于转轴的上端，不承受转动元件的重量，只起导向作用。

轴承的结构主要有两种：钢珠宝石结构和磁力结构。

由宝石和钢珠构成的轴承，由于宝石和钢珠之间的机械磨损、润滑油老化，会影响电能表一次使用寿命，因此新型的感应式长寿命电能表大都采用了磁力轴承。磁力轴承是利用了两块磁铁间的吸引力或推斥力，平衡轴向压力和转盘产生的重力，使转动元件处于悬浮状态，而采用石墨塑料等自润滑材料制造的轴承，无需润滑油便能达到润滑的目的，从而消除宝石轴承的磨损影响，利于长期使用。

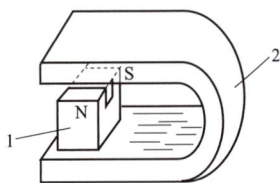

图 2-61　双磁通型制动元件
结构示意
1—磁体；2—磁轭

d. 制动元件。

制动元件由磁体 1 和磁轭 2 组成。图 2-61 是制动元件结构示意图。磁体 1 由铝镍钴合金压铸而成，它被固定在铸钢磁轭 2 上，并与磁轭构成磁回路。因磁体产生的磁通两次穿过转盘，增大了制动力矩，减轻了转动元件的振动。

e. 计度器又称积算机构，用来累计转盘的转数，以显示所测定的电能。北美国家使用指针式计度器（如图 2-62 所示）的较常见，而我国更多使用的是字轮式计度器（如图 2-63 所示）。

由图 2-62 可见，转盘的转动经过涡轮、蜗杆与各种齿轮的传递，带动各位字轮相继转动。为减少计度器的重量与摩擦力，字轮与齿轮常用铝合金或工程塑料模压而成，各横轴则采用耐磨的不锈钢条制造。

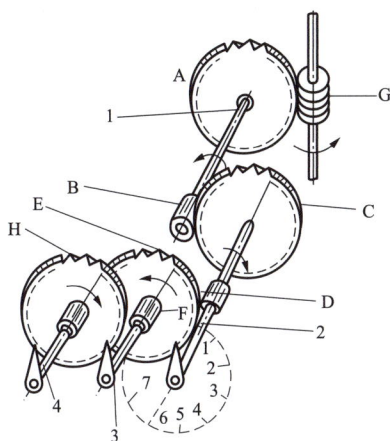

图 2-62　指针式计度器
A—涡轮；B、D、F—主动轮；C、E、H—从动轮；
G—蜗杆；1～4—横轴

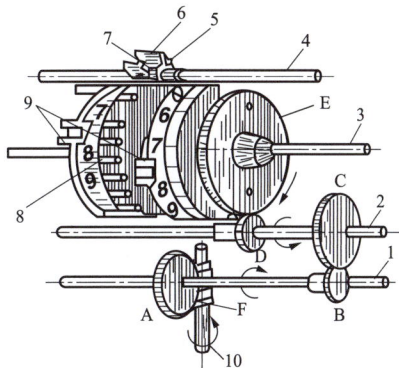

图 2-63　字轮式计度器
A—涡轮；B、D—主动轮；C、E—从动轮；F—蜗杆；
1～4—横轴；5—进位轮；6—长齿；7—短齿；
8—梢齿；9—槽齿；10—转轴

2）辅助部件。

a. 基架。感应式电能表的基架用于支撑和固定测量机构，一般使用铝合金材料采用精密铸造工艺制作而成。由于测量机构包含有回转元件以及轴承，测量机构的稳定性、精密性直接会对电能表的技术特性产生影响，所以基架应有足够的机械强度，并经过充分的时效处理，消除基架的内应力，确保基架结构的稳定。常用的基架有与底座分开和与底座连成一个整体的两种形式。

b. 外壳。电能表的外壳由表座、表盖等组成。外壳使用阻燃、防紫外线的绝缘或金属、环保材料制作，耐腐蚀、抗老化，有足够的硬度和机械强度，上紧螺栓后，不易变形。底座用来固定基架。国产电能表的表盖有用金属材料冲制的，也有用玻璃、胶木或聚碳酸酯材料压制而成的。表盖的透明窗口采用透明度好、阻燃、防紫外线、具有一定抗撞击能力的材料制作。

c. 端钮盒。端钮盒由端子座、端子盖、电源接线端子和辅助接线端子组成。端子座、端子盖使用阻燃、防紫外线的绝缘或金属、环保材料制作，耐腐蚀、抗老化，有足够的硬度和机械强度。接线端子应使用电性能优良的铜质材料制作。

d. 铭牌。电能表的铭牌可以附在表盖上，也可以固定在机心上。铭牌可以使用铝板或阻燃复合材料，耐高温、防紫外线照射；铭牌上的信息、标识应清晰、不褪色。

（2）静止式电能表。

图 2-64 是典型的静止式电能表原理框图。它由输入变换单元、乘法器单元、功率/频率（P/f）转换单元、显示单元、直流稳压电源以及微处理器（MCU）等构成。

图 2-64 中，电流、电压输入变换单元用于将电力线路的电压、电流等参数按比例地转换成为适合后续乘法器运算的量值，采用的技术方案通常有电阻型输入变换单元、阻容

型输入变换单元、互感器型输入变换单元和罗科夫斯基型输入变换单元。

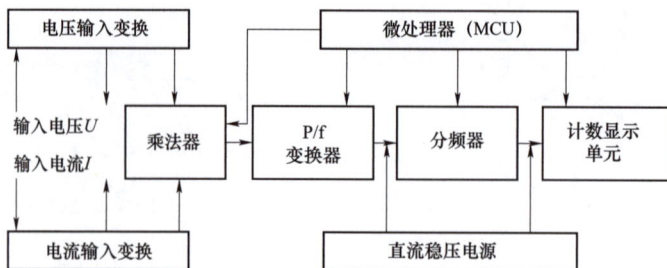

图 2-64　静止式电能表原理框图

乘法器单元和 P/f 转换单元是静止式电能表中的测量机构。其中，乘法器单元对输入的电压、电流信号进行乘法运算，实现有功功率和无功功率的测量，而 P/f 转换单元则是将乘法器输出的以直流电压（电流）形式呈现的功率信号完成对时间的积分，即将功率信号转换成与之对应的电能脉冲。乘法器单元常用的技术方案有模拟乘法器、数字乘法器、霍尔效应乘法器、热电变换式乘法器、时分割乘法器、三角波平均乘法器等。而 P/f 转换单元常用的技术方案有电荷平衡原理转换器、混合式转换器、A/D 转换器等。

早期功能较单一的静止式电能表的显示单元大多采用步进电动机式计度器，在显示累积电能量的同时，完成存储累积电量的功能。复费率（分时）电能表的出现，给各费率累计电能及总电能的显示、存储提出了新的要求，LED 型数码管逐步取代了步进电动机式计度器，各类型电量的存储功能则由 E2PROM 实现。近几年间，液晶显示器技术日趋成熟。由于液晶显示器可显示的字符、信息具有良好的扩展性和可加工性，为设计人员和用户所追捧。

静止式电能表的各个单元都需要直流电源供电才能工作。通常直流电源取自电能表的电压线路，经降压、整流、滤波、稳压后获得。有些场合直流稳压电源的供电可以取自变电站内的备用交流或直流电源。考虑在停电等特殊工况下，必须维持静止式电能表内硬时钟电路工作，具备停电显示、抄表、事件记录等功能，静止式电能表大多还配置了备用电池，或大容量储能电容器。

作为智能仪表，无论是静止式多功能电能表还是复费率电能表，其计量数据的处理、时段控制、通信、事件记录等各项功能都要依靠内部的微处理器单元来完成。通用型微处理器由集成在一块芯片上的中央处理单元（CPU）、存储器（RAM/ROM）和输入输出接口（I/O）等构成。一般来讲，微处理器性能的优劣直接决定着电能表数据、信息处理的性能。电能表专用微处理器，除去 CPU、RAM/ROM、I/O 等单元外，还可以将部分外围电路、A/D 变换器、D/A 变换器、乘法器等电路单元集成在同一块芯片上，具有数模信号共存、集成度更高、抗干扰性强和可控性更强等特点。

（3）数字量输入式电能表

随着数字化变电站标准体系（IRC 61850）的不断完善，符合 IEC 60044—7、IEC

60044—8 标准要求的电子式互感器逐步商品化，同时由于高速、可靠的通信技术日趋成熟，这些都为全数字化的采集、传输、处理变电站内各种信息提供了技术保障。

数字化变电站电能计量系统方框图如图 2-65 所示，由电子式电流互感器（ECT），电子式电压互感器（EVT）、GPS 同步时钟、合并单元、数字量输入式电能表组成。表计和站内主站系统连接，对计量数据、信息进行处理。

数字化变电站内母线的电压、电流经电子式互感器变换成符合 IEC 60044 标准要求的小信号，并输出给合并单元。如果电子式互感器输出的是数字信号，则 GPS 同步时钟除去控制互感器的采样同步外，还要对数据授时。合并单元的功能主要是按 IEC 61850 标准的要求，对各项数据打包、传输。如果电子式互感器输出的是模拟小信号，则合并单元依据 GPS 同步时钟信号，同步各相的电压电流信号。按 IEC 61850 标准的要求对同步的三相信号进行数字化处理、授时，形成标准的信息传输格式。数字量输入式电能表将来自合并单元的数字信号进行解调，最终完成功率计算、电能量累计、信息存储和管理。

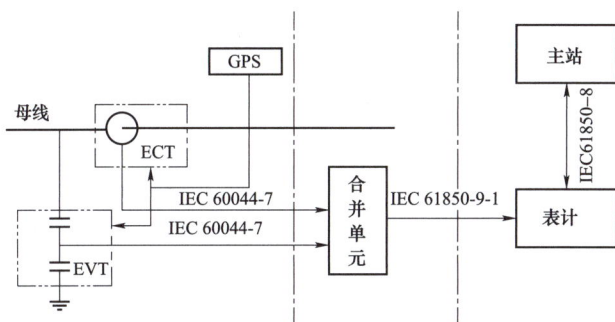

图 2-65 数字化变电站电能计量系统方框图
ECT—电子式电流互感器；EVT—电子式电压互感器；GPS—全球定位系统

从图 2-65 中可以看出，在数字化变电站中，电能计量的误差源主要是电子互感器的比差、角差、传输线路的信号延迟引入的时间差、合并单元关联信号的非同步引入的信号延迟、采样不同步，以及乘法器的原理性误差等。另外，国产电子式互感器产品的可靠性、稳定性对电能计量的影响也是不可忽视的。

数字量输入式电能表的结构框图如图 2-66 所示。它采用了数字信号处理器与中央微处理器相结合的构架。由两路工作电源、协议转换器、液晶显示等部分组成。其中，100Base-FX 接口完成由合并单元生成，符合 IEC 61850-9《数字化变电站内通信规约》协议要求的数据信息的采集，协议接口芯片完成数据的转换，数字信号处理器完成如电压、电流、功率等电参量的计算，并指示当前的功率脉冲，同时将有关数据传送至 CPU，完成电能量的累加，同时通过液晶显示模块显示表计测量信息；用户可以通过按键选择相应的显示项获取信息，同时可以通过光纤以太网读取数据，完成数据的抄读，实现数据共享。由于这类电能表不能像静止式电能表那样从电压输入回路获取工作电源，所以电能表的工作电源取自站内的辅助电源。

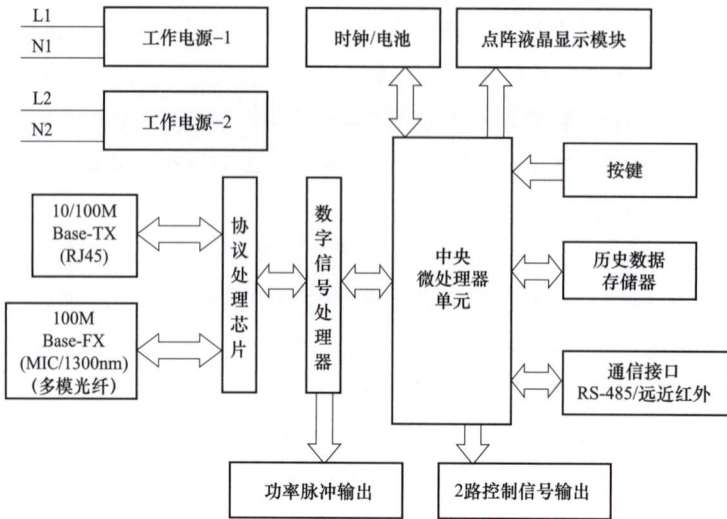

图 2-66　数字量输入式电能表的结构框图

（4）智能电能表。智能电能表（Smart Meter）是智能电网高级计量体系中的重要设备，它是一款具有电能计量、信息存储和处理、网络通信、实时监测、自动控制以及信息交互等功能的电能表。按照电能表的分类，智能电能表属于多功能电能表的范畴。

在庞大复杂的智能电网中，AMI 是一个可按需求进行设计、配置的基础设施。它包含了智能电能表、传感器、本地及远程通信网络、计算机主站系统、数据采集与处理平台、用户网关、多功能用户服务终端和为电力公司、用户提供服务所必须的专家支持系统等内容。这些设备、资源有机地整合为一体，按照系统要求发挥各自的作用，为电网的智能化提供及时、完整、准确的信息，为客户提供可视化的交互手段。与所有的智能化系统一样，并非系统中的每一个组成单元都需要具备高级分析、处理能力，尽管各组成单元在系统中仅发挥着各自有限的作用，但是这些单体设备按要求集成到一个系统中后，所显现出来的是具有高端能力的智能系统。

图 2-67 是华北电网有限公司构造的 AMI 体系示意图，图 2-68 是该智能计量系统的架构图。

由图 2-67 可见，AMI 体系的主站主要由两部分构成，其一是采集系统主站，负责对信息的采集、分析、处理；其二是售电系统主站，负责对费控电能表的安全、购售电、数据和信息交换进行管理。主站系统由用户信息数据库、电价组成数据库、购售电交易数据库、专家数据库等支撑。其中，用户用电信息方面的数据信息库可以采用集中式的管理方式，与主站计算机系统配置在一起，而与增值服务紧密关联的用户信息，如用户用电设备、产品种类、生产工艺等有关的数据信息，可以采用分布式数据库技术进行管理。

作为底层设备，包括智能电能表、智能显示终端、智能插座、用户网关、手持终端、分布式能源接入设备（如逆变器）等。这些设备在系统中担负着计量、数据采集、上传信息、执行本地/远程的负荷管理要求、提供用户交互平台等作用。

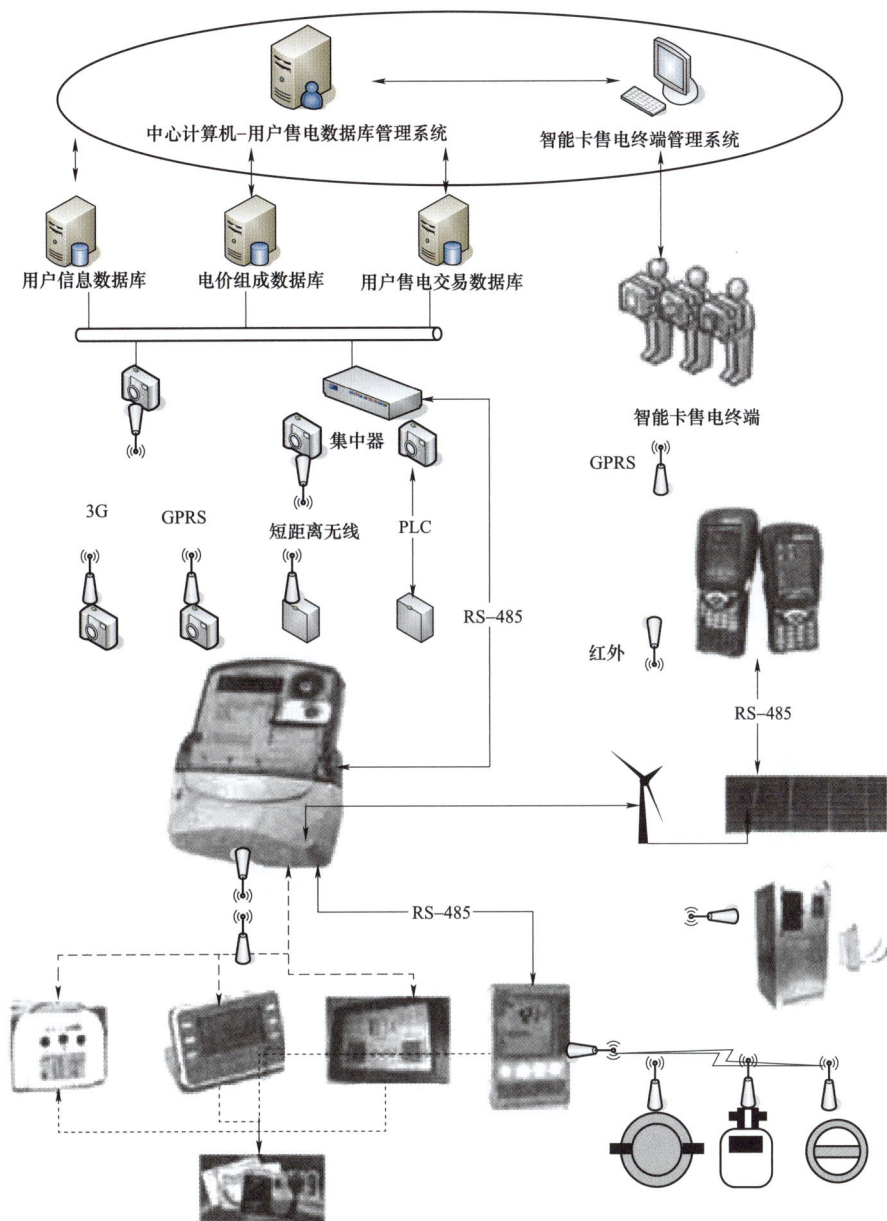

图 2-67　华北电网有限公司 AMI 体系示意图

（二）互感器

互感器是一种变压器，是电力系统供测量仪器、仪表和继电保护等电器采样使用的重要设备。当电网电压或电流超过一定量值时，电能表和其他测量仪表及继电保护装置必须经过互感器接入电网，才能实现正常测量和保护电力设备的安全。

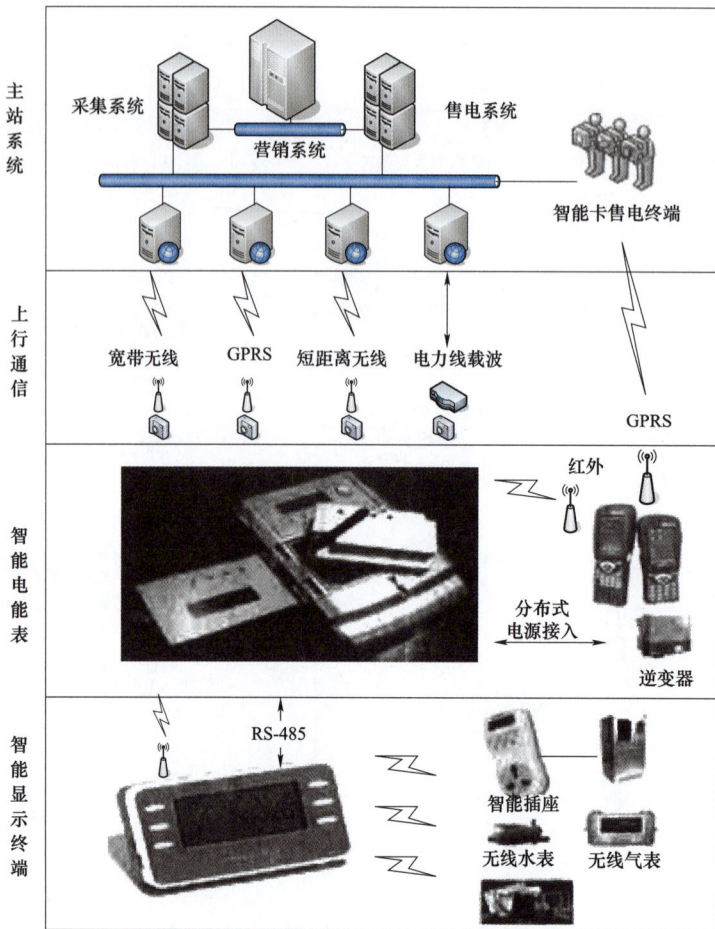

图 2-68 智能计量系统架构图

1. 互感器的分类

根据互感器的工作原理可分为电磁式、电容式、光电式三种互感器。电磁式互感器是利用电磁感应原理制成的互感器；电容式互感器是利用电容分压原理制成的电压互感器，多用于 110kV 及以上的高压电力系统；光电式互感器是为了测量超高压线路的电测量值而研制的，有的是根据铅玻璃的法拉第效应制成的激光电流互感器，也有根据波开尔效应制成的激光电压互感器。

按照互感器的功能可分为电流互感器（原简称为 CT，现统称为 TA）和电压互感器（原简称为 PT，现统称为 TV）。TA 能将系统中的大电流变换为规定的标准二次电流，TV 能将高电压变换为规定的标准低电压，供二次测量用。

根据用途可分为计量用、测量用、保护用互感器。

根据使用地点不同可分为户内、户外、独立式、套管式等。

根据互感器的绝缘结构可分为干式、固体浇注式和油浸式，以及气体绝缘式互感器。

根据测量对象可分为单相、三相等。

根据二次绕组的不同可分为单绕组、双绕组及多绕组互感器。

2. 电流互感器

在电流互感器的铭牌上，标有 TA 的型号、额定电流比、准确度等级、额定容量（或额定负载）、额定电压和极性标志等。

（1）型号。

我国规定用汉语拼音字母组成互感器的型号，不同的字母分别表示电流互感器的主要结构型式、绝缘类别和用途。字母符号含义如下：

第一位字母为 L——电流互感器。

第二位字母为 M——母线式（穿心式）；Q——线圈式；Y——低压式；D——单匝式，F——多匝式；A——穿墙式；R——装入式；C——瓷箱式。

第三位字母为 K——塑料外壳式；Z——浇注式；W——户外式；G——改进型；C——瓷绝缘；P——中频。

第四位字母为 B——过流保护；D——差动保护；J——接地保护或加大容量；S——速饱和；Q——加强型。

字母后面的数字一般表示使用电压等级。例如 LMK—0.5S 型，表示用于额定电压 500V 及以下电路，塑料外壳的穿心式 S 级电流互感器；LA—10 型，表示用于额定电压 10kV 电路的穿墙式电流互感器。

（2）额定电流比。

为了制造和使用的方便，电流互感器的一次电流和二次电流都有标准规定，称之为额定一次电流和额定二次电流。在额定电流下，电流互感器可以长期运行而不至于因发热而烧坏。当负荷电流超过额定电流时称过负荷，长期过负荷会烧坏互感器线圈，减少其绝缘寿命。额定电流比是指一次电流与二次电流之比，规定以不约分的分数表示。

$$KI = \frac{I_{1n}}{I_{2n}}$$

式中　I_{1n}——额定一次电流；

　　　I_{2n}——额定二次电流。

例如 $KI = 200/5A$。

（3）准确度级别。

测量用电流互感器的准确度，以其在额定电流下所规定的最大允许电流误差的百分数表示。测量用电流互感器的准确度级别一般有 0.1、0.2、0.5、1、3、5 级，宽量限的 S 级电流互感器准确度级别有 0.2S 和 0.5S 级。

（4）额定容量。

在额定二次电流（I_{2n}）及接有额定负荷（Z_{2n}）的条件下，互感器供给二次回路的视在功率（S_{2n}）为 $S_{2n} = I_{2n}Z_{2n}$。常用电流互感器的 $I_{2n} = 5A$。因此，$S_{2n} = 52$，$Z_{2n} = 25Z_{2n}$。这就是说，额定容量与额定二次阻抗成正比，故额定容量也可以用额定负载阻抗表示。按照标准规定，对于 $I_{2n}=5A$ 的电流互感器，额定容量有 2.5VA，5VA，10VA，15VA，20VA，25VA，30VA，40VA，50VA，60VA，80VA，100VA。电流互感器在使用中，其二次连接导线及仪表电流线圈的总阻抗，不超过铭牌上规定的额定容量 （伏安数或欧姆值）时，才能保证它的准确度。

（5）额定电压。

指一次绕组长期对二次绕组和地能够承受的最大电压（有效值），表明电流互感器一次绕组的绝缘强度。按照规定，电流互感器的额定电压有 0.5kV，3kV，6kV，10kV，35kV，110kV，220kV，330kV，500kV 等几种电压等级。

（6）极性标志。

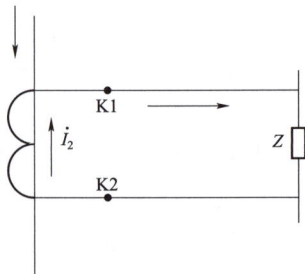

图 2-69　电流互感器减极性表

为了确保正确接线，电流互感器一次及二次绕组的出线端都有极性标志。按规定，一次绕组首端标为 L1，末端标为 L2，当一次绕组有抽头时，应依次标为 L1、L2、L3、…，二次绕组首端为 K1，末端为 K2，当二次绕组中间有抽头时，依次标为 K1、K2、K3、…；对于具有几个二次绕组的电流互感器，应分别标为 1K1、1K2、2K1、2K2、…，L1、K1 或 L2、K2 称同极性端（旧称同名端）。如从电流互感器的同极性端来看，一次和二次电流的方向相反，这样的极性关系称减极性，反之称加极性。电流互感器一般都按减极性表示，如图 2-69 所示。

3. 电压互感器

按工作原理的不同，电压互感器可分为电磁式电压互感器和电容分压式电压互感器。常用的 TV 是利用电磁感应原理制作的，其结构类似一台高电压小容量的变压器。TV 的铭牌上标注有型号、额定电压比、准确级次、额定容量、额定电压等。

（1）型号及其含义。

我国采用汉语拼音字母组成 TV 的型号，表示其主要结构型式、绝缘类别和用途，如表 2-20 所示。

表 2-20　　　　　　　　　　　　电压互感器型号含义

字母排列顺序	代号含义
1	Y——电压互感器
2	D——单相；S——三相；L——串级式
3	J——油浸自冷式；C——瓷箱式子
4	B——有乙形接线补偿绕组；W——三线五柱铁心；D——接地保护线圈

（2）额定电压及额定电压比。

额定电压是作为 TV 性能基准的一次绕组和二次绕组的电压值。我国规定的额定一次电压有 0.38kV、6kV、10kV、35kV、110kV、220kV、330kV、500kV 等，接于三相系统线与地之间的 TV 额定一次电压为上述额定电压的 $1/\sqrt{3}$ 倍。

二次额定电压是指三相 TV 和供三相系统线间用的单相 TV 二次绕组上的长期工作电压，规定为 100V；供三相系统线与地之间用的单相 TV，其二次额定电压规定为 $100/\sqrt{3}$。

额定电压比是额定的一次电压与额定的二次电压之比。

（3）准确度级次。

准确度级次即规定的 TV 的允许误差等级。在规定的使用条件下 TV 的误差应在规定的限度以下，我国常用的 TV 的准确度级次有 0.1、0.2、0.5、1 级和 3 级。

（4）额定容量。

TV 的额定容量也称额定负荷，是和准确度级次对应的容量，即以额定二次电压为基准时规定二次回路允许接入的负荷，通常以视在功率 VA 值表示。

在 TV 中，误差限与二次负荷有关，二次负荷越大，则误差越大。因此，一般按各种准确度级次给出不同的额定容量，同时还根据 TV 长期工作允许的发热条件，给出 TV 的最大容量，即在任何使用条件下，TV 都不应该超过额定容量，更不允许超过最大容量。

三、接地装置

接地，就是利用接地装置将电力系统中各种电气设备的某一点（接地连接点）与大地直接构成回路。使电力系统无论在正常运行、遭受雷击或发生故障的情况下形成对地电流和泄漏雷电流，从而保证整个电力系统的安全运行和人身安全。因此，所有电气设备、装置的接地连接点与大地之间必须有着可靠和符合技术要求的电连接。接地是电工技术的重要组成部分，它关系到用电安全。

1. 接地装置的基本概念

（1）接地的意义。为了保证电气设备和人身的安全，在整个电力系统中，包括发电、变电、输电、配电和用电的每个环节，所使用的各种电气设备和电器装置都需要接地。所谓接地，就是电气设备和装置的某一点与大地进行可靠的电连接。如电动机、变压器和开关设备的外壳接地（或中性点接地）。假使这些应该接地的而没有接地，那么对设备的安全运行和人身的安全就存在威胁。

（2）接地分类。在电力工程中接地技术应用极多，通常按接地的作用来分类，有下列几种：

1）保护接地。在电力系统中，凡是为了防止电气设备及装置的金属外壳因发生意外带电而危及人身和设备安全的接地，叫作保护接地。

2）工作接地。在电力系统中，凡因设备运行需要而进行的接地，叫作工作接地。例如，配电变压器低压侧中性点的接地、发电机输出端的中性点接地等。

3）过电压保护接地（防雷接地）。为了消除电气装置或设备的金属结构遭受大气或操作过电压危险的接地，叫过电压保护接地。

4）静电接地。为了防止可能产生或聚集静电荷而对设备或设施构成威胁而进行的接地，叫静电接地。

5）隔离接地。把不能受干扰的电器设备或把干扰源用金属外壳屏蔽起来，并进行接地，能避免干扰信号影响电器设备正常工作隔离接地也叫作金属屏蔽接地。

6）电法保护接地。为了保护管道不受腐蚀，采用阴极保护或牺牲阳极保护等的接地叫电法保护接地。

在以上各种接地中，以保护接地应用得最多最广。

2. 接地装置的组成

（1）接地装置的分类。完整的接地装置应由接地体和接地线两部分组成，而接地线又分有接地干线和接地支线两种。但是，每一接地装置的具体结构，应根据使用环境、技术要求和安装形式选定。

（2）接地装置以接地体数量多少分为以下三种组成形式：

1）单极接地装置。简称单极接地，由一支接地体构成，适用于接地要求不太高而设备接地点较少的场所。它的具体组成是：接地线一端与接地体连接，另一端与设备接地点直接连接，如图 2-70（a）所示；如果有几个接地点时，可用接地干线逐一将每一分支接地线连接起来，如图 2-70（b）所示。

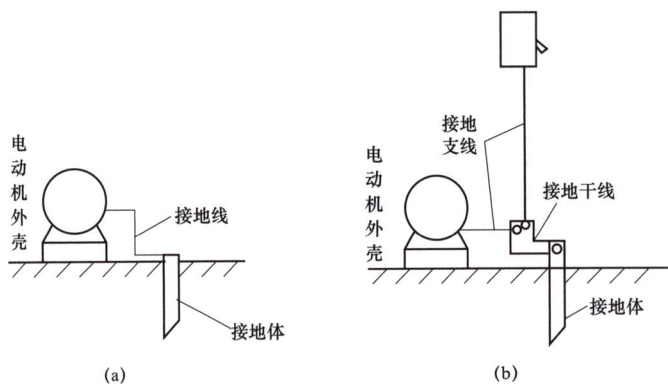

图 2-70　单极接地装置的组成
（a）单台设备时；（b）两台以上设备时

2）多极接地装置。简称多极接地，由两支或两支以上接地体构成，应用于接地要求较高而设备接地点较多的场所，用来达到进一步降低接地电阻的目的。

多极接地装置的可靠性较强，应用较广，有些供电部门规定，用户的低压保护接地装置一律采用这种结构。

多极接地装置是将各接地体之间用扁钢或圆钢连成一体，使每支接地体形成并联状态，从而减少整个接地装置的接地电阻。多极接地装置的组成形式如图 2-71 所示。

3）接地网络。简称接地网，是由多支接地体按一定的排列相互连接所形成的网络。接地网络的组成形式很多，常见的有方孔接地网和长孔接地网两种，它们的形状如图 2-72 所示。

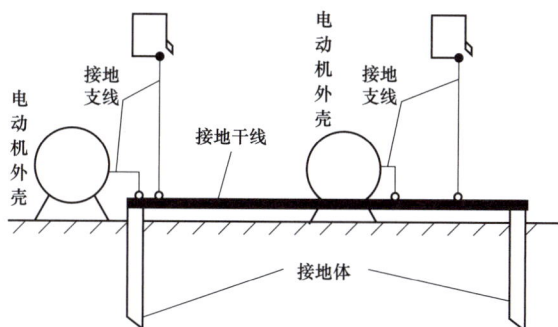

图 2-71　多极接地装置的组成形式

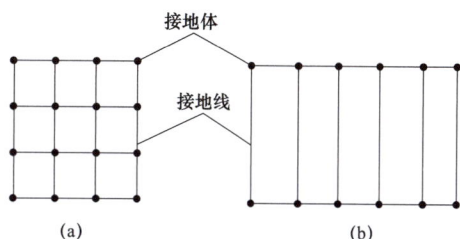

图 2-72　接地网组成形式

（a）方孔接地网；（b）长孔接地网

接地网应用于发电厂、变电所和配电所以及机床设备较多的车间、工厂或露天加工厂等场所。接地网既方便了设备群的接地需要，又加强了接地装置的可靠性，也降低了接地电阻。

3. 接地装置的技术要求

接地电阻是接地装置技术要求中最基本、最重要的技术指标。对接地电阻的要求，一般根据以下几个因素决定：

（1）需接地的设备容量。容量越大，接地电阻应越小。

（2）需接地的设备所处地位。凡所处地位越重要的设备，接地电阻就应越小。

（3）需接地的设备工作性质。工作性质不同，要求也不同。如配电变压器低压侧中性点工作接地的接地电阻就比避雷器工作接地的接地电阻要小些。

（4）需接地的设备数量或价值。被接地设备的数量越多或者价值越高，要求接地电阻也就越小。

（5）几个设备共用的接地装置。此时接地电阻应以接地要求最高的一台设备为标准。

总之，原则上要求接地装置的接地电阻越小越好，但也应考虑经济合理，以不超过规定的数值为准。

第三节　低压配电线路常见故障

一、架空线路的常见故障

（一）架空线路缺陷分类及缺陷标准

1. 缺陷分类

按缺陷的紧急程度可分为紧急缺陷、重大缺陷和一般缺陷。

（1）紧急缺陷。是指严重程度已使设备不能继续安全运行，随时可能导致发生事故和危及人身安全的缺陷。必须立即消除，或采取必要的安全措施，尽快消除。

（2）重大缺陷。是指设备有明显损伤、变形，或有潜在的危险，缺陷比较严重，但可以在短期内继续运行的缺陷。可在短期内消除，消除前要加强巡视。

（3）一般缺陷。是指设备状况不符合规程要求，但对近期安全运行影响不大的缺陷。可列入年、季、月检修计划或日常维护工作中消除。

2. 缺陷标准

（1）导线。

紧急缺陷：单一金属导线断股或截面损伤超过总截面的 25%；钢芯铝线的铝线断股或损伤超过铝截面的 50%；钢芯线的钢芯独股钢芯有损伤或多股钢芯有断股；受张力的直线接头有抽笺或滑动现象；接头烧伤严重、明显变色，有温升现象。

重大缺陷：单一金属导线断股或截面损伤超过总面积的 17%；钢芯铝线的铝线断股或损伤截面超过总截面的 25%；导线上悬挂杂物；交叉跨越处导线间距离小于规定值的 50%。

一般缺陷：单一金属导线断股或截面损伤占总截面的 17% 以下；钢芯铝线的铝线断股或损伤占总截面的 25% 以下；导线有松股；不同金属、不同规格、不同结构的导线在一个耐张段内；导线接头接点有轻微烧伤并有发展的可能；导线接头长度小于规定值；导线在耐张线夹或茶台处有抽笺现象；固定绑线有损伤、松动、断股；导线间及导线对各部距离不足；导线弧垂不合格、不平衡；金属导线过引接续无过渡措施；铝线或钢芯铝线在立瓶、耐张线夹处无铝包带；引下线、母线、跳接引线松弛；绝缘线老化破皮。

（2）杆塔。

紧急缺陷：水泥杆倾斜超过 15°；水泥杆杆根断裂；水泥杆受外力作用产生错位变形露筋超过 1/3 周长；铁塔主材料弯曲严重，随时有倒塔危险。

重大缺陷：水泥杆倾斜度超过 10°；木杆杆根截面缩减至 50% 及以下；水泥杆受外力作用露筋超过 1/4 周长或面积超过 $10cm^2$；水泥杆严重腐蚀、酥松。

一般缺陷：杆塔基础缺土或因上拔及冻鼓使杆搭埋深小于标准埋深的 5/6；水泥杆倾斜度超过 5°；水泥杆露筋、流铁水，保护层脱落、酥松，法兰盘锈蚀；水泥杆纵向裂纹长度超过 1.5m、宽度超过 2mm，横向裂纹超过 2/3 周长、宽度超过 1mn；木杆腐朽、水泥杆脚钉松动；铁塔保护帽酥松、塔材缺少、锈蚀；无标志牌、相位牌、警告牌。

（3）拉线。

紧急缺陷：受外力作用，拉线松脱对人身和设备安全构成严重威胁。

重大缺陷：张力拉线松弛或地把抽出。

一般缺陷：拉线或拉线棒锈蚀截面达到 20% 以上；拉线或拉线棒小于实际承受拉力；拉线松弛；拉线对各部距离不足；UT 线夹装反、缺件；穿越导线的拉线无绝缘措施；拉线地锚坑严重缺土。

（4）绝缘子。

紧急缺陷：绝缘子击穿接地；悬式绝缘子销针脱落。

重大缺陷：绝缘电阻为零；瓷裙破损面积达 1/4 及以上；有裂纹。

一般缺陷：瓷裙缺口，瓷釉烧坏，破损表面超过 $1cm^2$；铁件弯曲，螺帽松脱；绝缘子电压等级不符合要求。

（5）横担、金具及变台。

重大缺陷：横担变形导致相间短路；木横担腐朽断面积超过 1/2；落地式变台无围栏。

一般缺陷：铁横担歪斜度超过 15/1000，木横担超过 1/50；木横担腐朽断面积超过 1/3；横担变形，金具、横担严重锈蚀深度达到 1/3；横担缺件。

（6）线路防护。

重大缺陷：导线对地（公路、铁路、河流等）距离不符合规程要求，与建筑物的水平距离小于 0.5m、垂直距离小于 1m。导线距树很近，使树木烧焦。

一般缺陷：导线与建筑物、树木等的水平或垂直距离不足；在线路防护区内存在堆放、修筑、开挖、架线等威胁线路安全的现象。

（二）架空线路常见故障及其处理

架空线路及其金具由于常年裸露在室外运行，易遭受自然环境的侵蚀以及外力破坏，造成设备的腐蚀、老化、损坏等。

1. 低压线路常见故障类型

（1）外力破坏造成的故障。

因低压线路多面向用户端，线路通道远比输电网复杂，交跨各类线路、道路、建筑物、构筑物、堆积物等较多，极易引发线路故障。具体有以下几个方面：① 城区线路多架设在公路边，车辆易撞到电杆，造成倒杆、断杆等事故发生。② 基建、市政施工时，对配网造成破坏，主要表现：一是基面开挖伤及地下敷设电缆；二是施工机械、物料超高超长碰触带电部位或破坏杆塔。③ 市区中低压线路被城市建筑物延伸包围，直接威胁线路的安全运行，导致线路安全处在不可控状态。④ 导线悬挂异物类，如飘浮塑料、农用塑料薄膜等物体，也对配网的安全运行造成了隐患。⑤ 动物危害造成相间短路。⑥ 盗窃等行为造成的倒杆、倒塔。

（2）自然灾害造成的故障。

通常指的是雷击事故。因为架空低压线路的路径较长，加上沿途相对开放的地形，少在高楼附近，所以经常被闪电击中，每年雷雨季产生的低压架空线路是最常见的。其现象有绝缘子击穿或爆裂、断线、避雷器爆裂、配电变压器烧毁。

（3）树木造成的故障。

树障对配电线路带来的影响不容忽视。树障使线路隐患不能够及时清理，遇到恶劣天气，极易造成导线对树木放电或树枝断落后搭在线上，压迫或压断导线，引发线路事故。

（4）用户产权设施造成的故障。

用户普遍缺乏电力设施的管理权，对配电房保护措施不完善，存在电缆沟坍塌积水等问题，仍在运行多年的旧型号的电力设备容易发生故障。由于缺乏维护，当出现内部故障时，开关未跳闸或高压保险未熔断，甚至直接将高压保险短接，甚至导致越级跳变电站开关。

（5）配电设备方面的因素造成的故障。

配电设备方面具体来说有以下几点：① 配电变压器故障或操作不当引起弧光短路。② 绝缘子断裂，导致接地或造成绝缘子闪络放电，绝缘电阻降低，跳线烧断搭到铁担上。③ 避雷器、跌落保险、开关长期未能定期检查或更换后的线路停电故障造成。④ 原始户外油开关是落后的旧设备，容易出现故障。

（6）管理方面的因素造成的故障。

经营管理中影响中低压线路安全的是巡视不到位，缺乏及时性。巡视不到位，主要是人员的技能素质低，责任心不强，正在运行的线路磨损如出现断股和设备缺陷，没有发现缺陷找到故障点，未能及时处理。这主要是因为管理流程不明确，维修质量不高，责任考核未实现。这些管理上存在的薄弱点，使一般缺陷往往得不到及时消除，甚至扩大为紧急缺陷，直至发生设备故障。

2. 低压线路常见故障原因分析

低压线路常见故障除因天气造成外，还可分为内因与外因两方面，而外因主要是人为因素造成。

从内部因素来说，主要是自身情况导致，因线路设备自身缺陷故障，线路设备老化严重，低值、零值绝缘子较多，避雷器坏得也较多，导线松弛，弧垂过大，导线混线等原因，都有可能引起线路故障。

从外部因素来说，主要是人为情况导致，具体分析有以下几点。

（1）导线断线故障：① 原设计投运的少部分铝绞系列导线，运行时易断线；② 线路施工工艺，变电站出线电缆头制作工艺不标准；③ 因各类交跨距离不够，放电烧断导线的。

（2）线路档距过大，导线弧垂过大，大风时易混线，造成相间短路故障。部分线路因建设初期，未考虑线路档距过大，大风时易混线，造成相间短路故障，且因导线间相互鞭击，易断线。

（3）保护定值不准。配电线路根据负荷变动，应及时重新校核、调整保护定值的工作开展不够；私自操作设备引发故障，私自操作台式变压器跌落熔断器；或在跌落熔断器触头上私自缠绕铁丝代替熔丝。

3. 低压线路常见故障防治

（1）针对天气因素采取的防治措施。

提高绝缘子的耐雷水平，特别是针式绝缘子的耐雷水平；变电站 10kV 出线端装设金属氧化物避雷器、在线路较长易受雷击的线路上装设金属氧化物避雷器或防雷金具，以及在变压器高低压侧装设相应电压等级的避雷器；穿刺型防弧金具安装方便，密封性能好，金具高压电极与绝缘导线紧密接触，多次耐受电弧烧灼，运行安全可靠；定期检测接地网。

（2）针对外力破坏采取的防治措施。

在交通道路的杆塔上涂上反光漆，在拉线上加套反光标志管，对遭受过碰撞的杆塔，可设置防撞混凝土墩，并刷上反光漆；通过宣传形式，进行护线宣传和电力知识教育；通过执法系统加大对外力破坏特别是盗窃者的打击力度；加强对配电线路的巡视；保证线路通道符合规程要求，及时清理整顿防护区内危及线路安全运行的树木；针对违章建筑进行解释、劝阻、下发隐患通知书，并抄送市政府安全部门备案，以明确责任；与城建、规划部门加强联系，配合做好安全生产中的规划、设计、施工等工作，不留电力事故隐患。

（3）加强配电线路的维护、运行管理工作。

对配电设备（包括配网使用的各类金具），定期进行试验、检查，及时处理设备缺陷；对于早期投运的老旧设备，逐步淘汰；线路上加装柱上真空开关，缩小故障范围，减少停电面积和停电时间，有利于及时查找故障。

加大配网建设改造力度，严把设计与施工质量关，提高线路的绝缘化水平，实现环网供电，提高配网运行方式的灵活性；有计划性地进行巡视，定期开展负荷监测。

制订并完善事故应急预案，加强业务培训，提高综合素质；建立激励机制，使运行人员巡线到位、处理故障到位。

加强线路的运行管理工作，签订管理责任书，把线路跳闸次数、跳闸停电时间与责任单位、责任人的经济效益相挂钩考核；制订线路现场运行规程和各种管理制度，建立技术档案。

加强用户设备管理工作；对重大设备缺陷要及时下发通知书，阐述设备故障对自身带来的危害，改善用户电力设备的运行水平，并报送政府安全部门。

加强春秋两检的检修力度，及时消除缺陷，降低线路故障率；加强线路改造，尤其跳闸较严重线路，尽快列入计划，完成改造，使设备满足安全运行的要求。

二、电缆的常见故障

电缆故障是指电缆在预防性试验时发生绝缘击穿或在运行中因绝缘击穿、导线烧断等而迫使电缆线路停止供电的故障。

1. 电缆线路故障的类型

按故障部位划分，电缆线路故障可分为：电缆本体故障、电缆附件故障、充油电缆信号系统故障。

按故障现象划分，电缆线路故障可分为：电缆导体烧断、拉断而引起电缆线路故障；电缆绝缘被击穿而引起电缆线路故障。

按故障性质划分，电缆线路故障可以分为：接地故障、短路故障、断线故障、闪络性故障和混合故障。

2. 电缆线路故障的原因

在电缆线路的运行管理中，分析电缆故障发生的原因是非常重要的，可达到减小电缆故障的目的。下面根据故障现象对不同部位的电缆线路故障进行详细分析。

（1）电缆本体常见故障原因。

1）电缆本体导体烧断或拉断。电缆本体的导体断裂现象在电缆制造过程中一般不存在，通常发生在电缆的安装、运行过程中。

2）电缆本体绝缘被击穿。电缆绝缘被击穿的故障比较常见，其主要原因有：

a. 绝缘质量不符合要求。绝缘质量受设计、制造、施工等方面因素的影响。

b. 绝缘受潮。绝缘受潮会导致绝缘老化而被击穿。

c. 绝缘老化变质。电缆绝缘长期在电和热的双重作用下运行，其物理性能将发生变化，导致绝缘强度降低或介质损耗增大，最终引起绝缘损坏发生故障。

（2）电缆附件常见故障原因。这里所说的电缆附件指电缆线路的户外终端、户内终端及接头。电缆附件故障在电缆事故中居很大比例，且大部分布设在 10kV 及以下的电缆线路上，主要有以下原因：

1）绝缘击穿；

2）导体断裂。

3. 电缆线路故障的处理方法

电缆线路发生故障后，必须立即进行修理工作，以免水分大量侵入，扩大故障范围。消除故障必须做到彻底、干净；否则虽经修复可用，日久仍会引起故障，造成重复修理，损失更大。故障的修复需要掌握两项重要原则：① 电缆受潮部分应予锯除；② 绝缘材料或绝缘介质有炭化现象应予更换。

运行管理中的电缆线路故障可分为运行故障和试验故障。

（1）运行故障。运行故障是指电缆在运行中，因绝缘击穿或导体损伤而引起保护器动作突然停止供电的事故，或因绝缘击穿单相接地，虽未造成突然停止供电但又需要退出运行的故障。

1）电缆线路其他接地或短路故障。发生除单相接地（未跳闸）以外的其他故障时，电缆导体和绝缘的损伤一般较大，已不能局部修理，这时必须将故障点和已受潮的电缆全部锯除，换上同规格的电缆后，安装新的电缆接头或终端。

2）电缆终端故障。电缆终端一般留有余线，因此发生故障后一般进行彻底修复，为了去除潮气，将电缆去除一段后重新制作终端。

（2）试验故障。试验故障是指在预防性试验中绝缘击穿或绝缘不良而必须进行检修才能恢复供电的故障。

1）定期清扫。一般在停电做电气试验时擦净即可。不停电时，应拿装在绝缘棒上的油漆刷子，在人体和带电部分保持安全距离的情况下，将绝缘套管外面的污秽扫去，如果是电缆漏出的油等油性污移，可在刷子上沾些丙酮擦除。

2）定期带电水冲。在人体和带电部分保持安全距离的情况下，用绝缘水管通过水泵用水冲洗绝缘套管，将污秽冲去。

3）电缆的白蚁危害。白蚁的食物主要是木材、草根和纤维制品等，电缆的内、外护层并非是白蚁的食料，但在它们寻找食物的过程中会破坏电缆的外护层。白蚁能把电缆护层咬穿，使电缆绝缘受潮而损坏。因此电缆线路上还必须对白蚁的危害加以防治，其方法有：

a. 在发现有白蚁的地区采用防咬护层的电缆。

b. 当敷设前或敷设后对电缆线路还未造成损坏时，可采用毒杀的方法防止白蚁的危害。

c. 电缆线路的机械外力损伤的预防。电缆线路的机械外力损伤占电缆线路故障原因的很大部分，而非电缆施工人员引起的电缆机械外力损伤故障占了绝大部分，这严重威胁了电缆线路的运行，因此必须做好预防机械外力损伤的工作，防止不必要的破坏。

三、低压配电装置的故障

配电装置在工作中，由于过负荷、气候变化或制造、检修质量不良，可能造成设备各种缺陷，甚至发生故障。例如，由于油断路器渗漏油后使油位下降，起不到灭弧作用，从而使油断路器在切除负荷或短路电流时发生事故；仪表、指示灯信号不明或错误指示时，可能引起运行人员的误操作；保护装置接触松动或机构故障造成保护拒动或误动。因此必须按照规定的周期定期地对配电装置进行巡视和检查。

1. 低压开关故障

低压供电配电网中，低压开关电器是重要的电气元件之一，主要用来切断负荷电流和故障电流。由于经常频繁操作和切断故障电流，容易造成缺陷的存在和损坏。修理存在缺陷和损坏的低压开关电器时，因其品种繁多，常常会使人感觉到棘手。实际上，低压开关电器的结构基本是相同的，最容易出问题的部位不外乎是触头、电磁、灭弧三个基本系统。因此，一般应从以下三个方面入手。

（1）触头故障及其处理。

1）触头发热。低压开关电器若是因为选择容量不足或触头严重磨损，接触面减少导致触头发热，这就需要另外选择大容量的开关，或更换新的触头；若是触头的弹簧由于发热而失去了弹性，使触头压力不足，或触头表面氧化，有杂质使接触电阻增大而引起的发热，这就需要消除氧化层，清理表面或更换新的弹簧。更换新的弹簧时，要使新弹簧的初压力和终压力相等。

处理触头的氧化层时，对于无镀层的触头，一般设计时已考虑了自洁的作用，如果由于某种原因，氧化得特别严重，可用小刀刮掉；对于镀银的触头，银的氧化物对接触电阻影响不是很大，不需要进行处理；对于触头上有积灰，用布条或鬃刷清除；对于触头上有油垢，可以用四氯化碳或汽油反复洗刷干净。

2）触头烧毛。触头在电弧的作用下，表面会形成凸出的小点，这种现象称为烧毛。如果出现这样的现象，可以用细锉锉平凸出的小点，应注意触头锉掉的厚度与次数。还要查明触头烧毛的原因并及时处理。若是灭弧装置有问题，使得灭弧时间拖长，或弹簧压力不足，则应该分别进行处理。

3）触头熔焊。触头的弹簧损坏，使得开关电器闭合过程中发生跳跃。触头之间产生电弧使触头熔化焊在一起，这属于严重故障。或是开关容量选太小，使得通过触头的电流超过额定电流 10 倍以上，也会出现熔焊现象。如遇到触头熔焊现象，要认真仔细地查明原因，分别进行处理。

4）触头磨损。触头的正常磨损是因为多次断、合电流，电弧的高温使金属汽化所造成的，这种过程非常缓慢。若触头磨损很快，则属于故障现象，除更换新的触头外，还应查明原因及时消除。一般认为在测定开关的行程减少一半时就应更换。触头应有备品，也可以按原材料的尺寸配制，但不能太大，太大了会使触头的重量增加，引起触头在闭合时出现跳跃现象，使得磨损加剧。镀银的触头制作困难，可以用尺寸相同的紫铜触头代替作为应急措施。对于自动空气开关的触头是不允许制作代用品的，因为它能分断故障电流，若是替代了有可能会引起事故。

（2）电磁系统的故障和处理方法。

1）衔铁噪声太大。低压开关电器的噪声太大如果是由其铁心端面上有灰尘、油垢或杂质引起的，应吹扫或擦拭干净；对于铁心和衔铁端损伤变形引起的，要慎重处理，防止越修越坏。倘若迫切需要修理，身边又无更好的加工工具，只能用锉刀或砂布。当初步锉平后，再经过一番试装、修整、刮光等工作，一般能保证接触面良好；若是噪声还是很大，可能是短路环损坏了，可配制更换。如果吸引线圈电压太低，导致电磁吸力太小，衔铁也会发出强烈的振动和噪声，这种现象在线路的末端会经常出现，应考虑采取调整电压水平的措施，保证使电压水平在正常的工作范围内。

2）吸引线圈过热或烧毁。低压开关电器的吸引线圈过热或烧毁是由于频繁地操作使得吸引线圈经常受大电流的冲击；电源电压过高；吸引线圈受潮；机械损伤造成线圈匝间短路；铁心和衔铁接触面不良如有灰尘、油垢等；磁路卡涩而使得磁路动、静触头接触面不良等均会导致吸引线圈过热或烧毁，必须查明原因进行消除。如果是线圈烧毁可以重新绕制，绕制原线圈参数可以从产品铭牌中查得。

3）衔铁不吸合。如果合上电源后，若是衔铁不动作，应立即断开电源查明原因，防止线圈烧毁。其主要原因为线圈烧断转轴生锈、歪斜等均会使衔铁吸不上，必须查明原因进行处理。

（3）灭弧系统的故障和处理方法。

低压开关电器灭弧系统的故障主要表现为在开关电器的灭弧过程中发出"软弱无力"的"噗噗"声。经过检查，若是触头会出现烧毛，灭弧罩有烧焦等痕迹，这说明灭弧的时间延长了。若不及时进行处理会导致开关电器烧损加剧，甚至将会引起爆炸和火灾的事故。灭弧系统的故障部位的处理方法为：

1）灭弧罩受潮。灭弧罩受潮的主要原因是雨淋，空气潮湿也会降低绝缘性能，使得灭弧罩的灭弧能力下降。灭弧罩内的水分子汽化会使其上部的压力增大，阻止电弧进入罩内。若是电弧这样长时间地燃烧，将会引起爆炸。灭弧罩受潮了，应烘干后再装上，还应该防止进水。

2）磁吹线圈匝间短路。有的低压开关电器带有磁吹线圈的灭弧装置，触头的附近装有承受大电流的磁吹线圈，用来吹弧。磁吹线圈的匝间是靠空气间隙来绝缘的，若是线圈的安装位置不当，受到了力矩的冲击，会使线圈变形造成匝间短路，磁吹力不足将会拖延灭弧的时间。处理时，只要用改锥或其他工具将线圈的匝间距离调整矫正即可。

3）灭弧栅片脱落。灭弧栅片是将电弧分段吸热进行灭弧。脱落时应及时补充。

4）灭弧罩炭化。若是灭弧罩炭化了，用砂布或锉刀将烧焦了的碳质部分打磨掉，保证其表面的光洁，并吹刷干净，不能留有金属颗粒和其他的导电物质。

5）灭弧罩破损。若是灭弧罩破损、不能安装使用时，会在相间产生飞弧现象，将会引起相间短路，因此必须及时更换。

6）弧角脱落。有的低压开关电器在动、静触头上装有弧角。它是引导电弧进入灭弧罩加速灭弧的零部件。弧角脱落或短缺时，将会延长灭弧时间，可以用紫铜加工配制，但必须与原来的弧角的外形、尺寸相一致，反之，便不能安装使用。

2. 配电箱常见故障

（1）故障类型。

配电箱常见故障主要有交流接触器烧坏、保护器性能不稳或者无动作、计量不准等（见图2-73）。

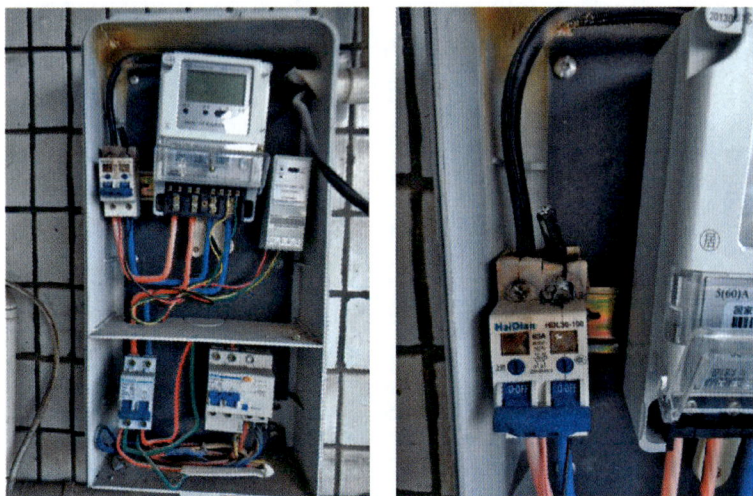

图2-73　配电箱故障示意图

（2）故障原因。

1）配电箱内电器选择不当引起的故障。由于在制造时对交流接触器容量选择不恰当，对不同出线回路安装同容量的交流接触器，且未考虑到三相负荷的不平衡情况，而未能将部分出线接触器电流等级在正常选择型号基础上，提高一个电流等级选择，因而导致夏季高温季节配电箱运行时出现交流接触器烧坏的情况。

2）环境温度对低压电器影响引起的故障。配电箱中的低压电器，由熔断器、交流接触器、剩余电流动作保护器、电容器及计量表等组成。这些低压电器均按 GB 1497《低压电器基本标准》进行设计和制造，并对它们的正常工作条件做了相应规定：周围空气温度的上限不超过 40℃；周围空气温度 24h 的平均值不超过 35℃；周围空气温度的下限不低于 −5℃或 −25℃。农网改造的配电箱在室外运行，它不但受到阳光的直接照射产生高温，同时运行中自身也会产生热量，所以在盛夏高温季节，箱体内的温度将会达到 60℃以上，这时的温度大大超过了这些电器规定的环境温度，因而会发生因配电箱内电器元件过热引起的故障。

（3）故障影响。

各种低压电器，大多是 A 级绝缘，它们在长期运行时的极限允许温升为 65℃。配电箱内的高温使低压电器在运行中的内部热量难以向外散发，所以经过一定时间会因绝缘老化而烧坏；塑料绝缘导线也将会受热老化击穿。

配电箱内的电子产品如剩余电流动作保护器、电子型计量表，在高温下运行时就会严重影响到产品的使用寿命，还会影响到保护器性能的稳定性和动作的可靠性以及计量的准确性。

在高温下运行的无功补偿电容器、熔断器也会缩短寿命。

（4）故障处理。

1）对于配电变压器容量在 100kVA 及以上的配电箱体，在箱内散热窗靠侧壁处，应考虑到安装温控继电器（JU−3 型或 JU−4 超小型温度继电器）和轴流风机，安装在控制电器板上方左侧面的箱体上，以便使箱内温度达到一定值时（如 40℃）能自动启动排气扇，强行排出热量以使箱体散热。

2）采用保护电路防止配电箱供电的外部电路故障的发生。选择体积较小的智能缺相保护器，安装于配电箱内以防止因低压缺相运行而烧坏电动机。

3）若新增柱上配电台架，在制作配电箱外壳时，可选 2mm 厚的不锈钢板材，并适当按比例放大配电箱尺寸，以便增加各分路出线之间、出线与箱体外壳的电气安全距离，这样有利于农电工的操作维护和更换熔件，同时也可散热。

4）选用节能型交流接触器（类似 CJ20SI 型）产品，并注意交流接触器线圈电压与所选作电流动作保护器的相对应接线端子相连，注意进行正确的负载匹配。选择交流接触器时，应选用其绝缘等级为 A 级及以上的产品，必须保证其主回路触点的额定电流应大于或等于被控制的线路的负荷电流。接触器的电磁线圈额定电压为 380V 或 220V，线圈允许在额定电压的 80%～105%使用。

5）选用合适的剩余电流动作保护器。可选用类似 LJM（J）系列节电型且灵敏度较低的延时型保护器。保护器装置的方式要符合国家 GB/T 13955—2017《剩余电流动作保护装置安装和运行》标准。漏电保护器的分断时间，当漏电电流为额定漏电电流时，其动作时间不应大于 0.2s。

3. 低压开关柜常见故障

（1）故障类型。

低压开关柜是低压配网最重要的设备，其内部部件众多，故障影响较大。低压开关柜常见故障主要有开关柜内部发生短路、母线连接处过热、断路器及开关分合不成功等，如图 2-74 所示。

（2）故障原因。

对于内部短路，可能的原因有：① 配电柜停电检修时操作失误，维护检修人员容易疏忽把扳手、旋具等工具忘在母排上，送电前没有认真检查，送电后发生短路；② 蛇虫鼠蚁等小动物钻入内部造成开关板短路；③ 配电柜内母排的支持夹板（瓷或胶木质）及插入式触头的绝缘底座肮脏杂物多、受潮，或受到机械损坏；④ 配电柜内电器元件选择不当（分段能力不够）。

图 2-74　低压开关柜示意图

对于母线连接处过热，可能的原因有：① 母排的对接螺栓拧得紧松程度（一方面螺栓拧得太松，则会导致母排接触不良，接触电阻过大，进而促使连接部位产生过热；另一方面螺栓拧得过紧，母排垫圈部分被压缩，截面减小，电流通过后引起发热）。② 母排接头接触不良。

断路器及开关分合不成功，多是由于欠压线圈不工作、储能装置问题、脱扣器故障、控制回路熔心烧坏等造成。

（3）故障影响。

当柜内发生短路时，可能会造成设备的烧损等；连接处过热会降低设备的绝缘水平，造成老化加速，缩短使用寿命；断路器开合不成功会造成越级跳闸、扩大故障停电范围等。

（4）故障处理。

对于柜内短路故障，其相应的处理措施有：① 加强维护检修人员的培训，严格按照有关电器检修规程操作，检修结束后清点工具，防止遗忘。② 装置防护网，避免小动物钻入。③ 定期检查打扫，受潮的胶木夹板及底座及时烘干；已受损坏的设备及时更换，注意缩短母排支持夹板的跨距，从而提高其动稳定。④ 应该具体问题具体分析，需要根据负荷大小，选择遮断容量合适的电器，并设计合理的保护线路。

对于母线连接处过热，要旋紧母排对接螺栓时松紧要适当，通常情况紧固到弹簧垫圈压平为止；及时转移负载，断电后将接触处拆开处理或更换新的母排；对于不能及时停电或转移负荷的电路，可以暂时用电风扇对接触处进行强制冷却，但必须尽快安排检修；应用导电膏，对防止接触处电化腐蚀和降低接头的接触电阻有良好的作用。

对于断路器及开关分合不成功等，由于欠压引起线圈故障应该先检查失压脱扣器线圈是否完好，脱扣器上有无电压；如果线圈烧坏，应更换线圈；如果没有电压，应接上电源。对于储能装置问题，应先检查储能弹簧是否变形，如果变形，可能导致闭合力减小，从而使触头不能完全闭合，此时应换上合适的贮能弹簧。如果是脱扣机构不能复位再扣，则应调整脱扣器，将再扣接触面调到规定值。如果手柄可以推到合闸位置，但放手后立即弹回，则应检查各连杆轴销的润滑状况。若润滑油已干枯，则应加新油，以减小摩擦阻力。对于熔心烧损则应立即更换。此外，如果触头与灭弧罩相碰，或动、静触头之间以及操作机构的其他部位有异物卡住，也会导致断路器开合故障，此时应视具体情况进行处理。

四、电气接地装置的故障

接地装置在运行中接地线与接零线有时遭到外力破坏或腐蚀，会有损伤或断裂；另外随着土壤的变化，接地电阻也能变化，给接地带来隐患。

（1）接地装置异常及处理方法。

1）接地体的接地电阻增大，通常是接地体严重锈蚀或接地体与接地干线接触不良导致的，应更换接地体或紧固连接处的螺栓或重新焊接。

2）接地线局部电阻增大，因为连接点或跨接过渡线轻度松动，连接点的接触面有氧化层或污垢，增大电阻，应重新紧固螺栓或清理氧化层和污垢后再旋紧。

3）接地体露出地面，深埋接地体，并覆盖、夯实。

4）漏接地或接错位置，在检修后重新安装时，应补接好或改正接线错误。

5）接地线有机械损伤、断股或化学腐蚀现象，应用截面积较大的镀锌或镀铜接地线更换，或在土壤中加入中和剂。

6）连接点松动或脱落，一经发现要应及时紧固或重新连接。

（2）接地点的土壤电阻率过高。

1）换土。换用电阻率较低的黏土、黑土或砂质黏土，一般换掉接地体上部的 1/3，周围 0.5m 内土壤，夯实新土。

2）深埋。若接地点的深层土壤电阻率较低，可适当增加深接地体，最好埋到有地下水的深处。

3）外引接地。用金属线将接地体引到附近电阻率较低的土壤中或常年不冻的河、塘水中，或敷设水下接地网，使接地电阻降低。

4）化学处理。在接地点的土壤中混入炉渣、废碱液、木炭、炭黑、食盐等化学物质或采用化学降阻剂，都能有效地降低土壤的电阻率。

5）保水。将接地极埋在建筑物的背阴面或比较潮湿处；将污水引向埋设接地体的地点，如果接地体用钢管，每隔 200mm 钻一个直径为 5mm 的孔，使水渗入土中。

6）延长。延长接地体，增大与土壤的接触面积，使接地电阻降低。

7）对冻土处理。冬天往接地点的土壤中加泥炭，避免土壤冻结，或把接地体埋在建筑物的下面。

（3）运行故障及其处理。

在低压未接地电网中，一相发生接地故障时，其他两相的对地电压接近线电压。由于一相接地的接地电流很小，而其他两相的电流相应增加，如果不能及时发现和解除故障，线路和设备仍能继续运行，但隐患长期存在，不利于设备和人身安全。

1）线路上一相接地，电网中的总保护装置未动作。

2）零线断裂，断裂处后面的零星电气设备漏电或单相负荷较大。

3）在接零电网中，少数电气设备保护接地，且漏电；个别单相电气设备采用一相一地制。

4）变压器低压侧工作接地接触不良，电阻较大；三相负荷不平衡，电流超过允许值。

5）高压窜入低压，产生磁场感应或静电感应。

6）高压采用两线一地制，其接地体与低压工作接地或重复接地的接地体距离太近；高压工作接地的电压降影响低压侧工作接地工作。

7）由于绝缘电阻和对地电容的分压，电气设备外壳带电。

前四种情况较为普遍，应查找原因，采取相应消除措施。在接地网中有保护接零措施时，必须有一个完整的接零系统，方可消除带电。

第三章

低压配电网不停电作业
工具及装备

第一节 不停电作业操作工具

一、绝缘手工工具

1. 定义

（1）包覆绝缘手工工具：由金属材料制成，全部或部分包覆有绝缘材料的手工工具。

（2）绝缘手工工具：除了端部金属插入件以外，全部或主要由绝缘材料制成的手工工具。

2. 技术要求

（1）在规定的正常使用条件下，包覆绝缘手工工具和绝缘手工工具应保证操作人员和设备的安全。

（2）手工工具在包覆绝缘层后应不影响工具的机械性能。

（3）带电作业用绝缘手工工具常用来支撑、移动带电体或切断导线，必须有足够的机械强度以防断裂而造成事故。

（4）绝缘材料应根据使用中可能经受的电压、电流、机械和热应力进行选择，绝缘材料应有足够的电气绝缘强度和良好的阻燃性能。

（5）绝缘层可由一层或多层绝缘材料构成，如果采用两层或多层，可以使用不同的颜色，绝缘外表面应具有防滑性能。

（6）在环境温度为 −20～+70℃ 范围内，工具的使用性能应满足工作要求，制作工具的绝缘材料应牢固地黏附在导电部件上，在低温环境中（−40℃）使用的工具应标上 C 类标记，并按低温环境进行设计。

（7）可装配的工具应有锁紧装置以避免因偶然原因脱离。

（8）双端头带电作业工具应制成绝缘工具而不应制成包覆绝缘工具。

（9）金属工具的裸露部分应采取必要的防锈处理。

3. 主要绝缘手工工具

（1）螺丝刀和扳手。

常见螺丝刀与扳手如图 3－1 所示。螺丝刀工作端允许的非绝缘长度：槽口螺丝刀最大长度为 15mm；其他类型的螺丝刀（方形、六角形）最大长度为 18mm。螺丝刀刃口的绝缘应与柄的绝缘连在一起，刃口部分的绝缘厚度在距刃口端 30mm 的长度内不应超过 2mm，这一绝缘部分可以是柱形的或锥形的。

扳手：操作扳手的非绝缘部分为端头的工作面；套筒扳手的非绝缘部分为端头的工作面和接触面。

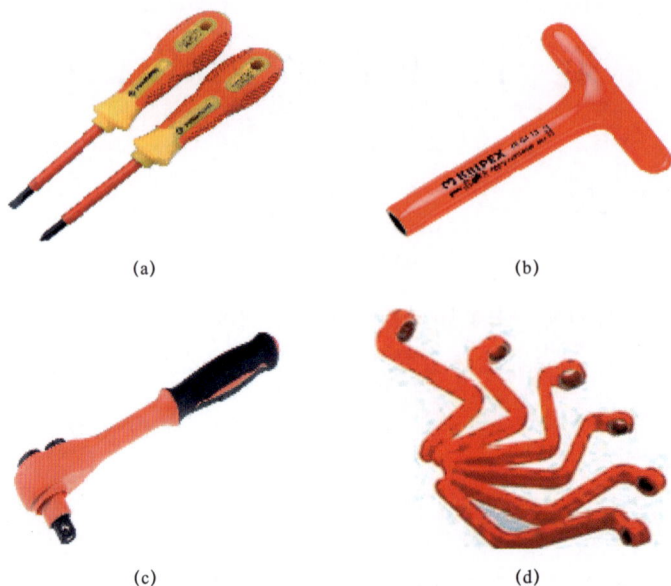

图 3-1 螺丝刀和扳手

（a）螺丝刀；（b）内六角扳手；（c）（d）套筒扳手

（2）手钳、剥皮钳、电缆剪及电缆切割工具。

常用手钳、剥皮钳、电缆剪及电缆切割工具如图 3-2 所示。

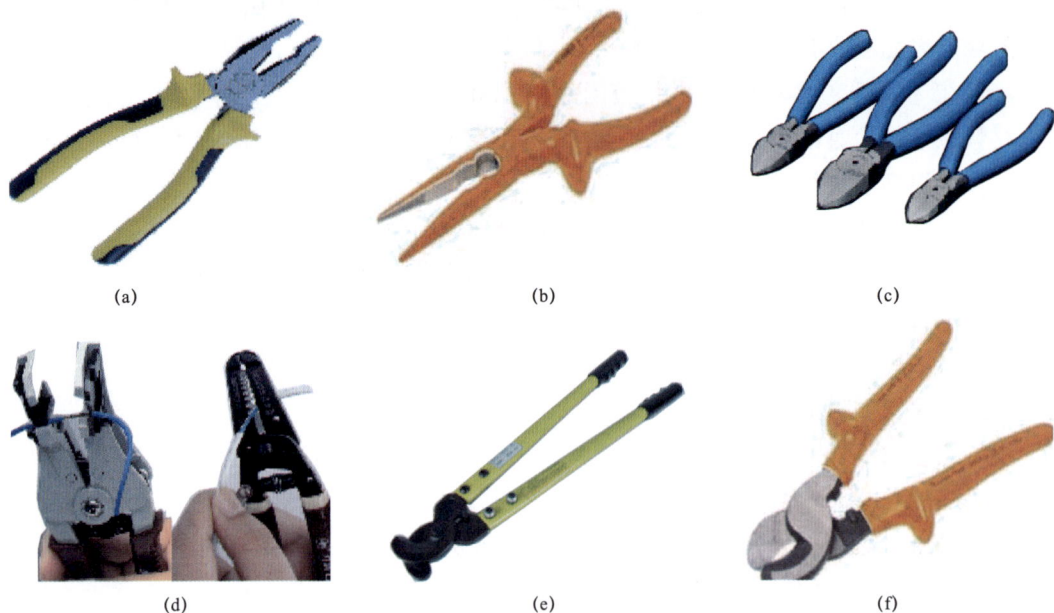

图 3-2 手钳、剥皮钳、电缆剪及电缆切割工具

（a）钢丝钳；（b）尖嘴钳；（c）斜口钳；

（d）剥皮钳；（e）断线钳 1；（f）断线钳 2

绝缘手柄应有护手以防止手滑向端头未包覆绝缘材料的金属部分，护手应有足够高度以防止工作中手指滑向导电部分。

手钳握手左右，护手高出扁平面10mm；手钳握手上下，护手高出扁平面5mm。

护手内侧边缘到没有绝缘层的金属裸露面之间的最小距离为 12mm，护手的绝缘部分应尽可能向前延伸实现对金属裸露面的包覆。对于手柄长度超过400mm的工具可以不需要护手。

（3）刀具。

常见刀具如图3-3所示。

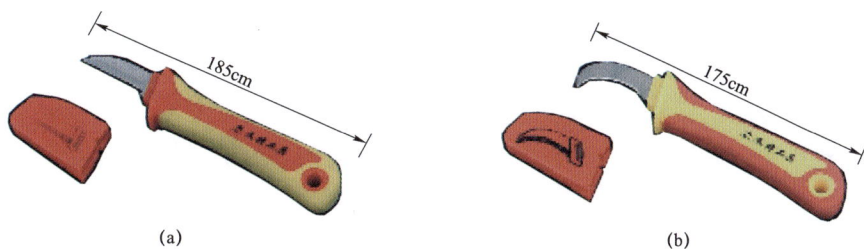

图3-3 刀具
（a）绝缘电工刀（直头）；（b）绝缘电工刀（弯头）

绝缘手柄的最小长度为100mm。为了防止工作时手滑向导体部分，手柄的前端应有护手，护手的最小高度为5mm。

护手内侧边缘到非绝缘部分的最小距离为 12mm，刀口非绝缘部分的长度不超过65mm。

（4）镊子。

常用绝缘镊子如图3-4所示。

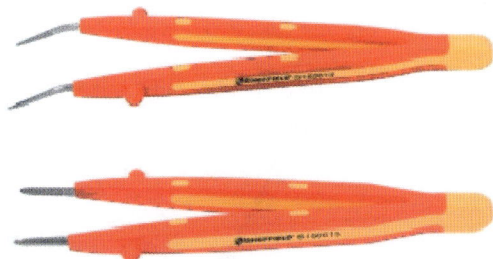

图3-4 绝缘镊子

镊子的总长为130~200mm，手柄的长度应不小于80mm。

镊子的两手柄都应有一个护手，护手不能滑动，护手的高度和宽度应足以防止工作时手滑向端头未包覆绝缘的金属部分，最小尺寸为 5mm。手柄边缘到工作端头的绝缘部分的长度应在 12～35mm。工作端头未绝缘部分的长度应不超过 20mm。

全绝缘镊子应没有裸露导体部分。

4. 标识、包装与贮存

（1）标记。

每件工具或工具构件应按下述要求标明醒目且耐久的标记：

1）在绝缘层或金属部分上标明产地（生产厂家名称或商标）。

2）在绝缘层上标明型号、参数、制造日期（至少有年份的后两位数）。

3）在绝缘层上应有标志符号，标志符号为双三角形。

4）设计用于超低温度（－40℃）的工具，应标上字母"C"。

（2）包装。

手工工具包装箱上应注明厂名、厂址、商标、产品名称、规格、型号等，包装箱内应附有产品说明书，说明书中包括类型说明、检查说明，维护、保管、运输、组装和使用说明。

（3）贮存。

手工工具应妥善贮存在干燥、通风、避免阳光直晒、无腐蚀有害物质的位置，并应与热源保持一定的距离。

二、绝缘操作工具

1. 绝缘操作棒

（1）主要作用。

绝缘棒又称绝缘杆、操作杆。它的主要作用是接通或断开隔离开关、跌落式熔断器，安装和拆除携带型接地线以及带电测量和试验工作，如图 3－5 所示。

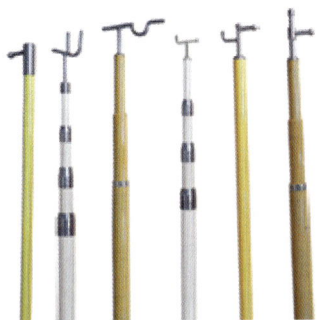

图 3－5　绝缘操作棒

（2）使用方法和注意事项：

1）使用绝缘棒时，工作人员应戴绝缘手套和穿绝缘靴，以加强绝缘棒的保护作用。

2）在下雨、下雪或潮湿天气，在室外使用绝缘棒时，应装有防雨的伞形罩，以增加爬电距离。

3）使用绝缘棒时要注意防止碰撞，以免损坏表面的绝缘层。

4）绝缘棒应存放在干燥的地方，以防止受潮，一般应放在特制的架子上或垂直悬挂在专用挂架上，以防变形弯曲。

5）绝缘棒不得直接与墙或地面接触，以防碰伤其绝缘表面。

6）绝缘棒应定期进行绝缘试验，一般每年试验一次，试验周期与标准参见有关标准。

2. 放电棒

（1）主要作用。

放电棒用于室外各项高电压试验、电容元件试验中，在其断电后，对其积累的电荷进行对地放电，确保人身安全。伸缩型高压放电棒便于携带，方便、灵活，具有体积小、质量轻、安全的特点，如图3-6所示。

图3-6　放电棒

（2）使用方法和注意事项有：

1）把配制好的接地线插头插入放电棒的头端部位的插孔内，将地线的另一端与大地连接，接地要可靠。

2）放电时应在试验完毕或元件断电后，方可放电。

3）放电时应先用放电棒前端的金属尖头，慢慢地去靠近已断开电源试品或元件。然后再用放电棒上接地线上的钩子去钩住试品，进行第二次直接对地放电。

4）大电容积累电荷的大小与电容的大小、施加电压的高低和时间的长短成正比。

5）严禁未拉开试验电源用放电棒对试品进行放电。

6）放电棒受潮，影响绝缘强度，应放在干燥的地方。

7）放电棒应定期进行绝缘试验，一般每年试验一次，试验周期与标准参见有关标准。

3. 绝缘夹钳

（1）主要作用。

绝缘夹钳是用来安装和拆卸高、低压熔断器或执行其他类似工作的工具，如图3-7所示。

（2）使用和保管注意事项：

1）绝缘夹钳不允许装接地线，以免操作时接地线在空中游荡造成接地短路和触电事故。

图 3-7　绝缘夹钳

2）在潮湿天气只能使用专用的防雨绝缘夹钳。

3）绝缘夹钳要保存在特制的箱子里，以防受潮。

4）工作时，应戴护目眼镜、绝缘手套和穿绝缘鞋或站在绝缘台（垫）上，手握绝缘夹钳要保持平衡。

5）绝缘夹钳要定期试验，试验周期为一年。

4. 绝缘绳

绝缘绳是广泛应用于带电作业的绝缘材料之一，可用作运载工具、攀登工具、吊拉绳、连接套及保安绳等。绝缘绳如图 3-8 所示。

目前带电作业常用的绝缘绳主要有蚕丝绳、锦纶绳等，其中以蚕丝绳应用得最为普遍。在使用常规绝缘绳时，应特别注意避免受潮。除了普通的绝缘绳索，还有防潮型绝缘绳索，在环境湿度较大情况下进行带电作业，必须使用防潮型绝缘绳。

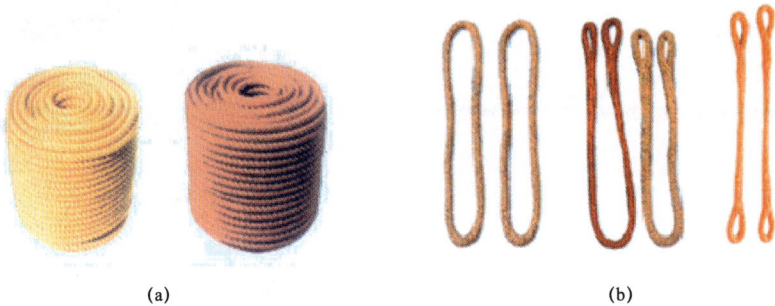

(a)　　　　　　　　　　　(b)

图 3-8　绝缘绳

(a) 绝缘绳；(b) 绝缘绳套

三、不停电作业工具的检查和定期检测

1. 使用前检查

为了确保工具电气和机械特性的完整，在每次使用工具之前，应进行仔细的检查，这些检查应包括以下各点：

（1）工具在经储存和运输之后应无损伤（例如：工具的绝缘表面应无孔洞、无撞伤、无擦伤和无裂缝等）。

（2）工具应是洁净的。

（3）工具的可拆卸部件或各组件经装配后应是完整的。

（4）工具应能正确操作（例如：工具应转动灵活无卡阻、锁位功能正确等）。

2. 定期检测

检查和测试一般包括目视检查、电气和机械性能试验。

用于低压（低于 1kV 有效值）的带电作业工具，一般不需做定期电气试验来鉴定其绝缘性能（除非有特殊要求），这是因为在设计上其绝缘水平已有足够的裕度，而目视检查已足以看出其性能如何。

第二节　不停电作业防护用具

一、个人防护用具

1. 个人绝缘防护用具

（1）用具种类。

当作业人员穿戴或使用绝缘防护用具时，绝缘防护用具可以防止触电等人身伤害。绝缘防护用具有安全帽、绝缘衣、绝缘裤、绝缘袖套、绝缘手套、防刺穿手套、绝缘鞋（靴）、绝缘垫等，如图 3-9 所示。

1）安全帽。采用高强度塑料或玻璃钢等材料制作。具有较轻的质量、较好的抗机械冲击特性、一定的电气性能，并有阻燃特性。

2）绝缘衣、绝缘裤。带电作业的人身安全防护，防止意外碰触带电体。质地柔软、外层防护机械强度适中，穿着舒适。

3）绝缘袖套。用合成橡胶或天然橡胶制成，在作业过程中，主要起到对作业人员手臂的触电安全防护。

4）绝缘手套。用合成橡胶或天然橡胶制成，其形状为分指式。绝缘手套被认为是保证配电线路带电作业安全的最后一道保障，在作业过程中必须使用绝缘手套。

5）防刺穿手套。防机械刺穿手套戴在绝缘手套外部，用来防止绝缘手套受到外力刺穿、划伤等机械损伤。其表面应能防止机械磨损、化学腐蚀，抗机械刺穿并具有一定的抗氧化能力和阻燃特性。

6）绝缘鞋（靴）。绝缘鞋（靴）可作为与地保持绝缘的辅助安全用具，是防护跨步电压的基本安全用具。常见的绝缘鞋面材料有布面、皮面、胶面。

7）绝缘垫。由特种橡胶制成，具有良好的绝缘性能，用于加强工作人员对地的绝缘，避免或减轻接触电压与跨步电压对人体的伤害。

图 3-9 个人绝缘防护用具

(a) 安全帽；(b) 绝缘衣；(c) 绝缘裤；(d) 安全袖套；(e) 绝缘手套；(f) 防刺穿手套；
(g) 绝缘鞋；(h) 绝缘靴；(i) 绝缘垫

(2) 预防性试验要求。

个人防护用品的预防性试验要求如表 3-1 所示。

表 3-1 个人绝缘防护用具预防性试验要求

序号	名称	使用电压等级（V）	耐压试验要求	试验周期
1	绝缘服	380	5kV/1min	6 个月
2	绝缘裤	380	5kV/1min	6 个月
3	绝缘袖套	380	5kV/1min	6 个月

续表

序号	名称	使用电压等级（V）	耐压试验要求	试验周期
4	绝缘手套	380	5kV/1min	6 个月
5	绝缘鞋	400	5kV/1min 泄漏电流≤1.5mA	6 个月
6	绝缘靴	3000	10kV/1min 泄漏电流≤18mA	6 个月
7	绝缘垫	380	5kV/1min	6 个月

2. 个人电弧防护用品

（1）用品种类。

电弧防护用品在作业中遇到电弧或高温时，能对人员起到重要的防护作用。主要有防电弧服、防电弧手套、防电弧鞋罩、防电弧头罩、防电弧面屏、护目镜等，如图 3-10 所示。

1）防电弧服。防电弧服一旦接触到电弧火焰或炙热时，内部的高强低延伸防弹纤维会自动迅速膨胀，从而使面料变厚且密度变高，防止被点燃并有效隔绝电弧热伤害，形成对人体保护性的屏障。

2）防电弧手套。防止意外接触电弧或高温引起的事故，能对手部起到保护作用。面料采用永久阻燃芳纶，不熔滴，不易燃，燃烧无浓烟，面料有碳化点。

3）防电弧鞋罩。防止意外接触电弧或高温引起的事故，能对脚部起到保护作用。面料采用永久阻燃芳纶，不熔滴，不易燃，燃烧无浓烟，面料有碳化点。

4）防电弧头罩、防电弧面屏。防止电弧飞溅、弧光和辐射光线对头部和颈部损伤的防护工具。

5）护目镜。作业时能对眼睛起到一定防护作用。

(a)　　　　　　(b)　　　　　　(c)　　　　　　(d)

图 3-10　个人电弧防护用品（一）

（a）防电弧工作服；（b）防电弧操作服；（c）防电弧手套；（d）防电弧鞋罩

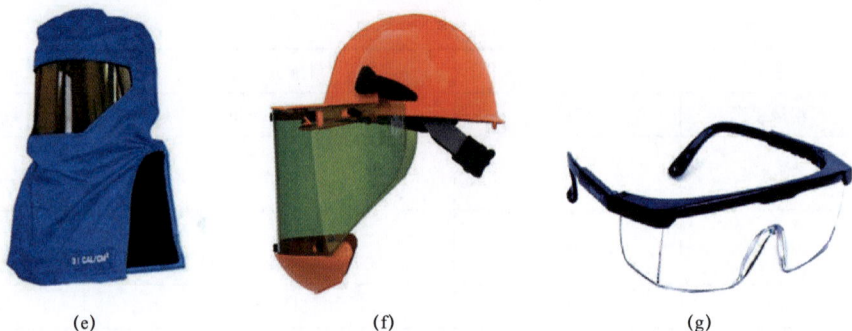

图 3－10　个人电弧防护用品（二）

（e）防电弧头罩；（f）防电弧面屏；（g）护目镜

（2）选择与配置。

1）架空线路不停电作业。采用绝缘杆作业法进行带电作业，电弧能量不大于 1.13cal/cm²，须穿戴防电弧能力不小于 1.4cal/cm² 的分体式防电弧服装，戴护目镜；采用绝缘手套作业法进行带电作业，电弧能量不大于 5.63cal/cm²，须穿戴防电弧能力不小于 6.8cal/cm² 的分体式防电弧服装，戴相应防护等级的防电弧面屏。

2）室外巡视、检测和架空线路测量。电弧能量不大于 3.45cal/cm²，须穿戴防电弧能力不小于 4.1cal/cm² 的分体式防电弧服装，戴护目镜。

3）配电柜内带电作业和倒闸操作。电弧能量不大于 22.56cal/cm²，须穿戴防电弧能力不小于 27.0cal/cm² 的连体式防电弧服装，穿戴相应防护等级的防电弧头罩。

4）室内巡视、检测和配电柜内测量。电弧能量不大于 14.81cal/cm²，须穿戴防电弧能力不小于 17.8cal/cm² 的连体式防电弧服装，戴防电弧面屏。

（3）使用、维护与报废。

个人电弧防护用品的使用：

1）个人电弧防护用品应根据使用场合合理选择和配置。

2）使用前，检查个人电弧防护用品应无损坏、无沾污。检查应包括防电弧服各层面料及里料、拉链、门襟、缝线、扣子等主料及附件。

3）使用时，应扣好防电弧服纽扣、袖口、袋口、拉链，袖口应贴紧手腕部分，没有防护效果的内层衣物不准露在外面。分体式防护服必须衣、裤成套穿着使用，且衣、裤必须有重叠面，重叠面不少于 15cm。

4）使用后，应及时对个人电弧防护用品进行清洁、晾干，避免沾染油及其他易燃液体，并检查外表是否良好。

个人电弧防护用品的维护：

1）个人电弧防护用品应实行统一严格管理。

2）个人电弧防护用品应存放在清洁、干燥、无油污和通风的环境，避免阳光直射。

3）个人电弧防护用品不准与腐蚀性物品、油品或其他易燃物品共同存放，避免接触酸、碱等化学腐蚀品，以防止腐蚀损坏或被易燃液体渗透而失去阻燃及防电弧性能。

4）修补防电弧服时只能用与生产服装相同的材料（线、织物、面料），不能使用其他材料。出现线缝受损，应用阻燃线及时修补。较大的破损修补建议由专业服装技术工人操作。

5）电弧防护服、防护头罩（不含面屏）、防护手套和鞋罩清洗时应使用中性洗涤剂，不得使用肥皂、肥皂粉、漂白粉（剂）洗涤去污，不得使用柔软剂。

6）面屏表面清洗时避免采用硬质刷子或粗糙物体摩擦。

7）防电弧服装应与其他服装分开清洗，宜采用热烘干方式干燥，晾干时避免日光直射、曝晒。

符合以下其中一项即应报废：

1）损坏并无法修补的个人电弧防护用品应报废。

2）个人电弧防护用品一旦暴露在电弧能量之后应报废。

二、绝缘遮蔽用具

在低压配电网不停电作业时，可能引起相间或相对地短路时，需对带电导线或地电位的杆塔构件进行绝缘遮蔽或绝缘隔离，形成一个连续扩展的保护区域。绝缘遮蔽用具可起到主绝缘保护的作用，作业人员可以碰触绝缘遮蔽用具。

绝缘遮蔽用具包括各类硬质和软质绝缘遮蔽罩。硬质绝缘遮蔽罩一般采用环氧树脂、塑料、橡胶及聚合物等绝缘材料制成。在同一遮蔽组合绝缘系统中，各个硬质绝缘遮蔽罩相互连接的端部具有通用性。软质遮蔽罩一般采用橡胶类、软质塑料类、PVC 等绝缘材料制成。根据遮蔽对象的不同，在结构上可以做成硬壳型、软型或变形型，也可以为定型的或平展型的。

1. 常见的种类

（1）导线遮蔽罩：用于对裸导体进行绝缘遮蔽的套管式护罩，带接头或不带接头。有直管式、下边缘延裙式、自锁式等类型，如图 3-11 所示。

（2）跳线遮蔽罩：用于对开关设备的上下引线、耐张装置的跳线等进行绝缘遮蔽的护罩，如图 3-12 所示。

（3）导线末端套管：用于对各类不同截面导线的端部进行绝缘遮蔽，如图 3-13 所示。

（4）绝缘子遮蔽罩：用于对低压架空线路的直线杆绝缘子进行绝缘遮蔽，如图 3-14 所示。

（5）熔断器遮蔽罩：用于对低压配电柜内的熔断器进行绝缘遮蔽的护罩，如图 3-15 所示。

（6）低压绝缘毯：用于对低压线路装置上带电或不带电部件进行绝缘包缠遮蔽，如图 3-16 所示。

（7）绝缘隔板（又称绝缘挡板）：用于隔离带电部件、限制带电作业人员活动范围的硬质绝缘平板护罩，如图 3-17 所示。

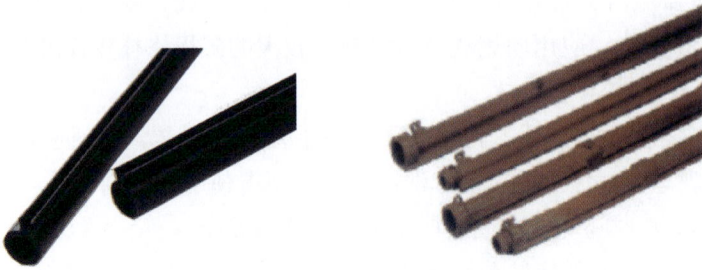

图 3-11　导线遮蔽罩

图 3-12　跳线遮蔽罩

低压碍子帽

室内用低压导线末端套管
直径：6、7.5、9.5、
13.5、17.5mm

户外架空线/接地线路/室内
安装用低压导线末端套管
直径：65、11、15、20、
30mm

(a)　　　　　　　(b)　　　　　　　(c)　　　　　　　(d)

图 3-13　导线末端套管

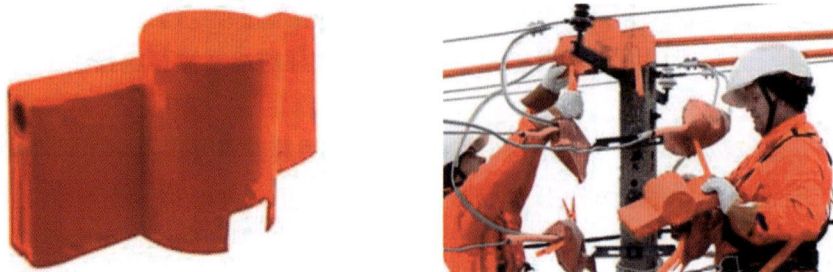

图 3-14　绝缘子遮蔽罩

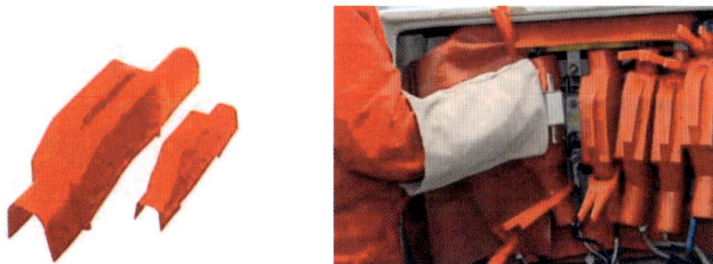

图 3－15 熔断器遮蔽罩

图 3－16 低压绝缘毯和毯夹

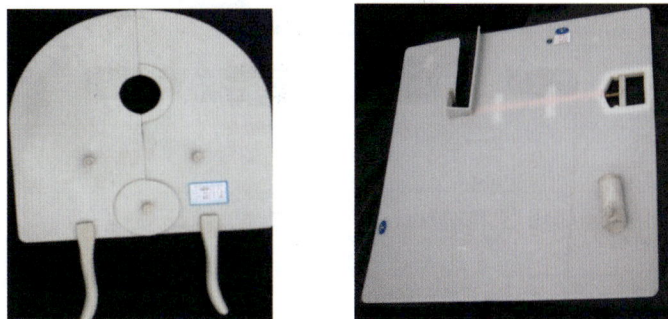

图 3－17 绝缘隔板

2. 预防性试验要求

绝缘遮蔽用具预防性试验相关要求如表 3－2 所示。

表 3－2 绝缘遮蔽用具预防性试验要求

序号	名称	使用电压等级（V）	耐压试验要求（kV/1min）	试验周期（月）
1	导线遮蔽罩	380	5	6
2	跳线遮蔽管	380	5	6
3	绝缘子遮蔽罩	380	5	6
4	熔断器遮蔽罩	380	5	6
5	低压绝缘毯	380	5	6

第三节 旁路作业装备

一、旁路快速连接器

1. 插拔式连接器

插拔式连接器由于安全、简单、快捷等特点，广泛应用于发电机组、应急/移动电源车、电力充电设备及测试等设备，如图 3-18 所示。

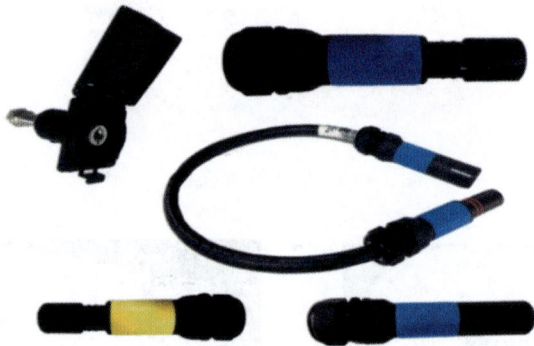

图 3-18 插拔式连接器

插拔式连接器可用于等级 5 和等级 6 的柔性电缆，实现发电车线缆与输出端、接入端的快速连接。插拔式连接器的基本部件有公耦合器、母耦合器、面板插座。

（1）公、母耦合器。

公、母耦合器作为插拔式连接器的重要组成部分，与低压柔性电缆为固定式连接，可实现低压柔性电缆与其他装备和设备之间的快速连接，如图 3-19 所示。

图 3-19 公、母耦合器

低压柔性电缆的终端头一般为公耦合器，现场作业时可实现与作业车辆、配电装置上的面板插座快速连接，作业完毕后低压柔性电缆可快速拆除。作业时如单组低压柔性电缆长度不够，一端有公耦合器的柔性电缆和一端有母耦合器的柔性电缆可实现快速对接，其通流能力与低压柔性电缆相匹配，为不同作业现场低压柔性电缆的灵活配置提供方便。公、母耦合器可实现对接，其插合状态的防护等级为IP67。

公、母耦合器中上部套有颜色鲜明的硅胶色环，与之相配的连接器形成颜色的对应，避免误插，图3-19所示的绝缘层上有清晰可见的颜色标记。

（2）面板插座。

面板插座作为作业车辆、配电装置与低压旁路电缆的快速连接器，是作业车辆和配电装置内部电气连接的组成部分，其连接和安装方式均为固定式，如图3-20所示。

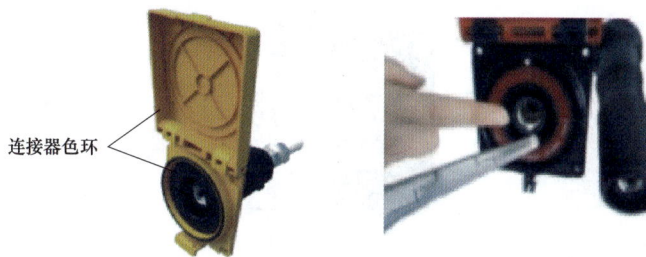

连接器色环

图3-20 面板插座

面板插座连接器的防尘盖用不同颜色原料注塑成型，外观上给人以非常直观的颜色区分，打开防尘盖，板端连接器还有相对颜色的色环，起到二次防护的作用。

（3）插拔式连接器技术参数，如表3-3所示。

表3-3 插拔式连接器技术参数

序号	基本参数	
1	额定电流	600A
2	额定电压	1000V
3	连接线尺寸	$70\sim300mm^2$
4	外壳/插座体材料	PA/CuZn，（Ag）
5	插合状态下	防护等级 IP67（防水）
6	插拔次数	5000 次
7	接触电阻	$12\mu\Omega$
8	绝缘电阻	$5000M\Omega$
9	平均插拔力	200N
10	环境温度	$-20\sim+70℃$
11	耐压	3000V AC
12	防火等级	UL94V-0
13	电流接触模式	多点接触，多表带技术
14	防误插保护	每个插接件按所在相序分别设置黄、绿、红、蓝标记。遵循标准：IEC，DIN EN 60529，浪涌电流 55kA

2. 螺栓压接式连接器

螺栓压接式连接器是常见的低压旁路电缆与作业车辆、配电装置的快速连接器。其基本部件有直角连接器、面板插座、旁路电缆对接器。

（1）直角连接器。

直角连接器是面板插座和低压柔性电缆之间的连接设备，其两端的连接均为螺栓压接式。安装时，应先与低压柔性电缆进行螺旋固定，然后用专用绝缘扳手与插座面板进行螺旋固定，安装的端部有防护罩，如图 3-21 所示。

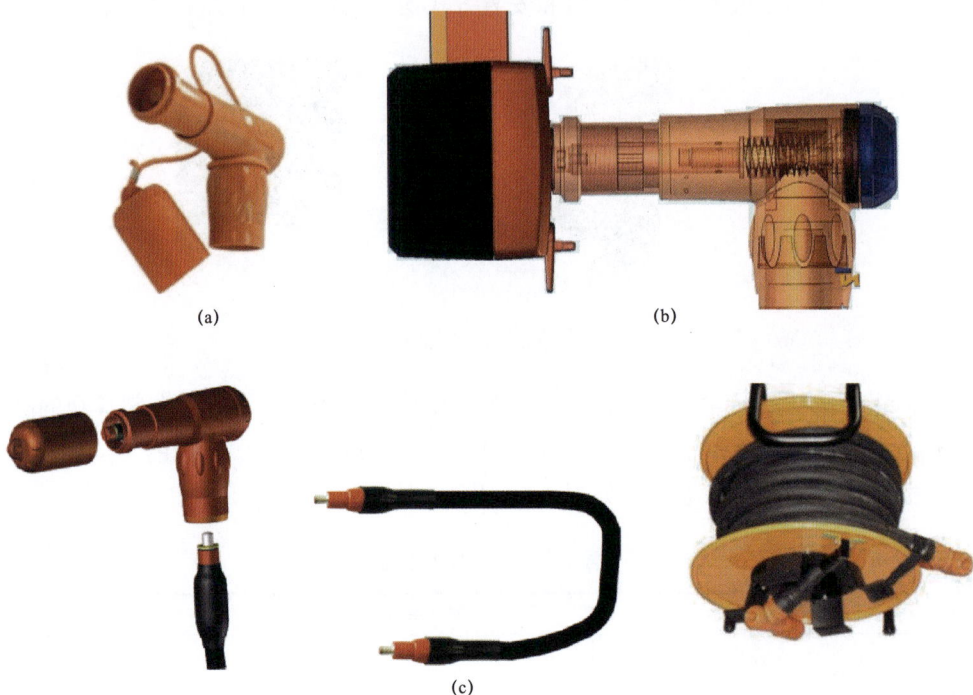

(a) (b)

(c)

图 3-21 直角连接器
（a）直角连接器外观；（b）直角连接器内部结构；（c）直角连接器与电缆连接

直角连接器尾端连接螺栓的不同规格，可与相同规格螺栓的旁路电缆（几种不同截面积）进行连接，以满足不同旁路负荷电流的需求。目前，螺栓为 M8、M12、M16 直角连接器，可满足旁路电缆 200～630A 载流要求。

（2）面板插座。

面板插座是作为作业车辆、配电装置的快速连接器，可与旁路电缆快速连接；还是作业车辆、配电装置内部电气连接的组成部分，其连接和安装方式均为固定式，面板插座连接器的防尘盖能起到二次防护的作用，如图 3-22 所示。

（3）旁路电缆对接器。

旁路电缆对接器主要用于低压柔性电缆的对接使用，与直角连接器配合使用，较小电流可实现一路电缆对接，较大电流可实现二路电缆同时对接，为低压柔性电缆的灵活配置提供方便，如图 3－23 所示。

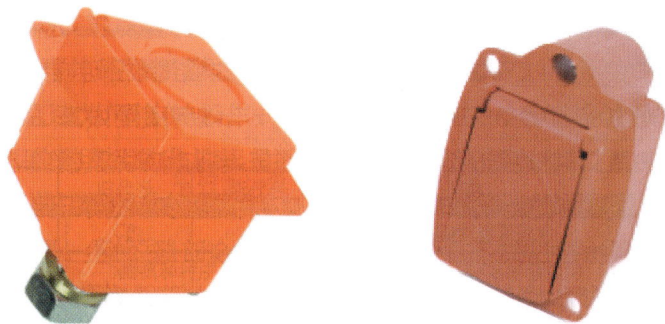

图 3－22　面板插座

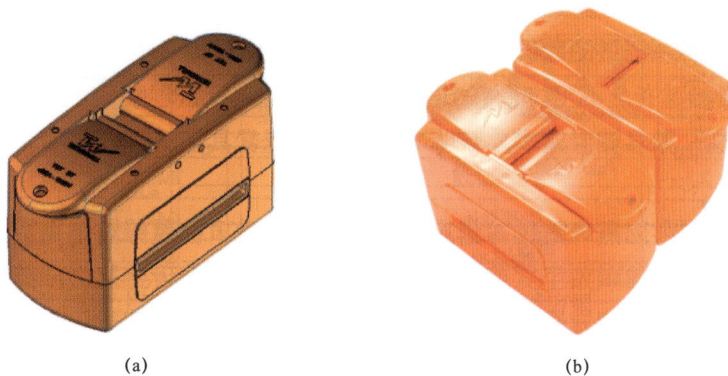

（a）　　　　　　　　　　　　　　（b）

图 3－23　旁路电缆对接器

（a）2 个插座；（b）4 个插座

（4）实际应用。

直角连接器的实际应用如图 3－24 所示。

（a）　　　　　　　　　　　　　　（b）

图 3－24　实际应用图

（a）直角连接器的安装中；（b）安装后

（5）直角连接器技术参数。

直角连接器的主要技术参数如表 3-4 所示。

表 3-4　　　　　　　　　　　　直角连接器技术参数

序号	技术参数	M8 直角连接器	M12 直角连接器	M16 直角连接器
1	最大电压（V）	1000	1000	1000
2	最大电流（A）	250	400	630
3	适用电缆截面积（mm²）	35、50	120、185、240	185、240
4	连接器和插座	M8 连接器（M8 螺纹端子）、M8 插座	M12 连接器（M12 螺纹端子）、M12 插座	M16 连接器（M16 螺纹端子）、M16 插座
5	保护装置	IP2X（触摸保护）	IP2X（触摸保护）	IP2X（触摸保护）
6	连接器装拆工具	伸缩套筒	伸缩套筒	伸缩套筒
7	保护帽	可拆卸式	可拆卸式	可拆卸式

二、母排汇流夹钳

1. 插拔式母排汇流夹钳

（1）主要作用。

主要作为配电柜（箱）等设备上运行母排与低压柔性电缆间的连接器，实现发电车线缆与配电柜母排的快速连接，安全、快捷，并可带电操作，如图 3-25 所示。

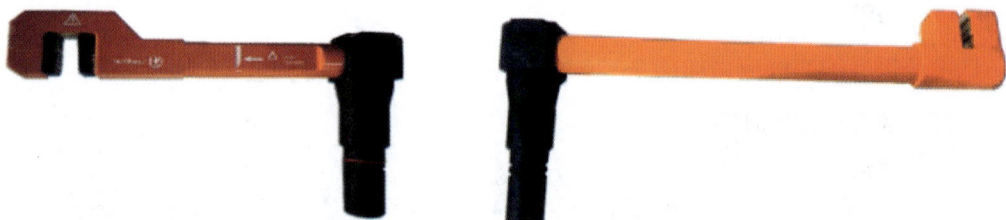

图 3-25　插拔式母排汇流夹钳

插拔式母排汇流夹钳能与等级 5 和等级 6 插拔式连接器的柔性电缆连接，在母排上用专用工具旋转夹紧固定。汇流夹钳的短路电流为 1.75kA，1s。额定峰值耐受电流为 22kA，绝缘等级 8kA，如图 3-26 所示。

（2）实际使用。

插拔式母排汇流夹钳的实际应用如图 3-27 所示。

图 3-26　母排汇流夹钳安装示意图

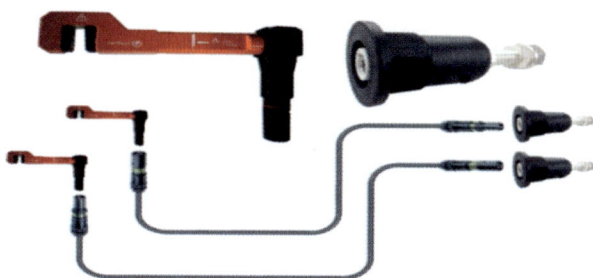

图 3-27　插拔式母排汇流夹钳的实际应用

（3）插拔式母排汇流夹钳基本参数。

插拔式母排汇流夹钳基本参数如表 3-5 所示。

表 3-5　　　　　　　　　　　插拔式母排汇流夹钳基本参数

序号	基本参数	
1	额定电流	600A
2	额定电压	1000V
3	短路电流	1.75kA，1s
4	额定峰值耐受电流	4.5kA
5	绝缘等级	8kA
6	绝缘材料	PVC/POM
7	电缆连接	永久连接
8	遵循标准	GB/T 11918.1—2014

2. 螺栓压接式母排汇流夹钳

（1）主要作用。

此种母排汇流夹钳主要是与螺栓压接式的直角连接器相配合使用，可用手握部分操作螺栓紧固在低压母排上，而后用套筒扳手将直角连接器固定在母排汇流夹钳的尾端，如图 3-28 所示。

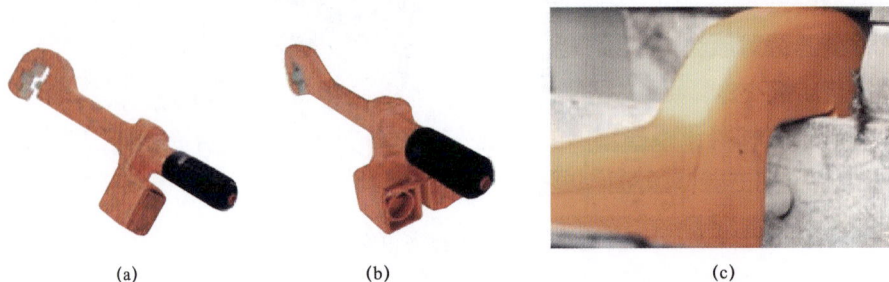

图 3-28　螺栓压接式母排汇流夹钳
（a）汇流夹钳（1路）；（b）汇流夹钳（2路）；（c）汇流夹钳与母排的连接

此种母排汇流夹钳有一路和两路旁路电缆出线，目前一路旁路电缆出线的汇流夹钳最大额定电流为400A，两路为800A。

（2）实际使用情况。

螺栓压接式母排汇流夹钳的实际应用如图3-29所示。

图 3-29　螺栓压接式母排汇流夹钳的实际应用
（a）汇流夹钳安装后；（b）汇流夹钳与直角连接器的连接

（3）螺栓压接式母排汇流夹钳技术参数。

螺栓压接式母排汇流夹钳主要技术参数如表3-6所示。

表 3-6　　　　　　　　　　螺栓压接式母排汇流夹钳主要技术参数

序号	技术参数	旁路电缆出线（1路）	旁路电缆出线（2路）
1	最大电压（V）	1000	1000
2	最大电流（A）	400	800
3	连接器插座	M12 螺纹口	M12 螺纹口

续表

序号	技术参数	旁路电缆出线（1 路）	旁路电缆出线（2 路）
4	测试点	4mm 安全插座	4mm 安全插座
5	适用范围	垂直母线（最大厚度 35 mm）或水平母线（最大厚度 18 mm，最大宽度 55mm）	垂直母线（最大厚度 35 mm）或水平母线（最大厚度 18 mm，最大宽度 55mm）
6	保护装置	IP2X（触摸保护）	IP2X（触摸保护）

3. 小电流母排汇流夹钳

此种母排汇流夹钳无须经连接器中间过桥连接，在与旁路电缆连接后，可直接安装在母排上。其外形如图 3-30 所示。

图 3-30 小电流母排汇流夹钳

小电流母排汇流夹钳与旁路电缆的连接螺栓为 M8，母排汇流夹钳的最大额定电流为 200A，主要适用于负荷电流 200A 以下的旁路作业。

三、发电车快速接入装置箱

1. 主要作用

发电车快速接入装置箱作为固定安装的设备，其与配电柜（箱）、用户之间有固定的电气联接，并配备有快速连接器，当用户因故失电后，发电车等临时供电装置可快速接入本装置箱，实现短时间内恢复供电，如图 3-31 所示。

发电车快速接入装置箱根据安装方式可分为落地式和挂墙式，发电车接入装置箱外壳防护等级为 IP56，外壳防撞等级为 IK10。柜体表面进行酸洗去脂、烘干、纳米陶瓷涂层（带静电吸附原理），对封闭结构的内表面也要喷涂或进行防锈处理，柜体各个面及角落缝隙都能被底漆附着，能达到最佳的保护效果。

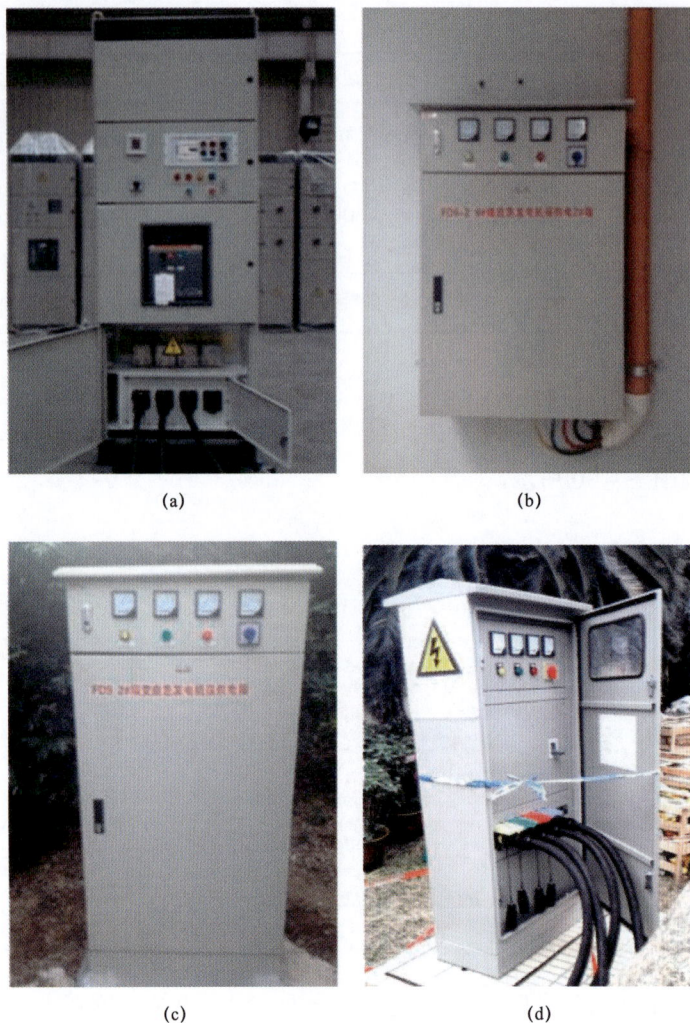

图 3-31 发电车快速接入装置箱

(a) 嵌入式（户内）；(b) 外置式（户内）；(c) 外置式（户外）；(d) 外置式（户外）的应用

2. 实际应用情况

发电车快速接入装置箱的实际应用如图 3-32 所示。

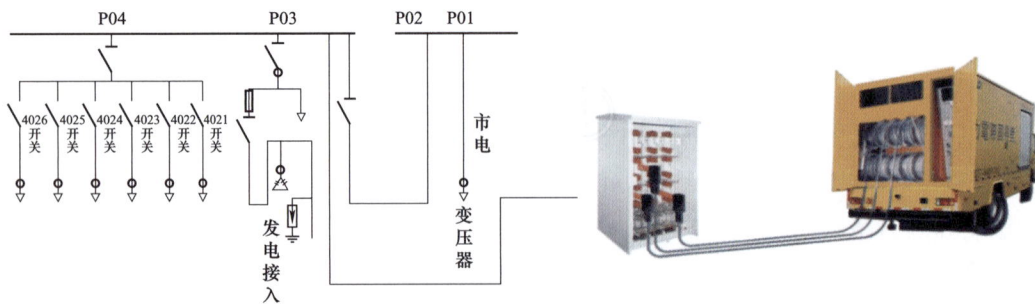

图 3-32 实际应用

3. 发电车快速接入装置箱基本参数

发电车快速接入装置箱的基本参数见表 3−7。

表 3−7　　　　　　　　　　　发电车快速接入装置箱基本参数

序号		基本参数
1	额定电流	800A（可选）
2	额定电压	1000V
3	连接线尺寸	95～300mm^2
4	输入输出形式	快速插拔式或线耳螺栓式
5	电流回路	单回路或双回路
6	插拔次数	5000 次
7	防误插保护	每个插接件按所在相序分别设置黄、绿、红、蓝标记

说明：根据作业环境可安装有冷凝抽湿装置：箱体内设有防潮冷凝抽湿装置进行抗潮湿、防凝露，确保长期运行保持湿度恒定。低温除霜功能装置具有低温结霜检测功能，当装置结霜后自动启动化霜功能，保证低温下正常除霜

四、移动式旁路配电箱

1. 主要作用

移动式旁路配电箱适用于低压配电网的旁路作业和应急电源车的临时取电等工作。作业时，与旁路电缆、快速连接器、母排汇流夹钳等旁路设备配合使用。目前，此类旁路配电箱最大的进线电流为 800A（两组并联，每组 400A），旁路配电箱的出线可根据作业需求配置多路出线，如图 3−33 所示。

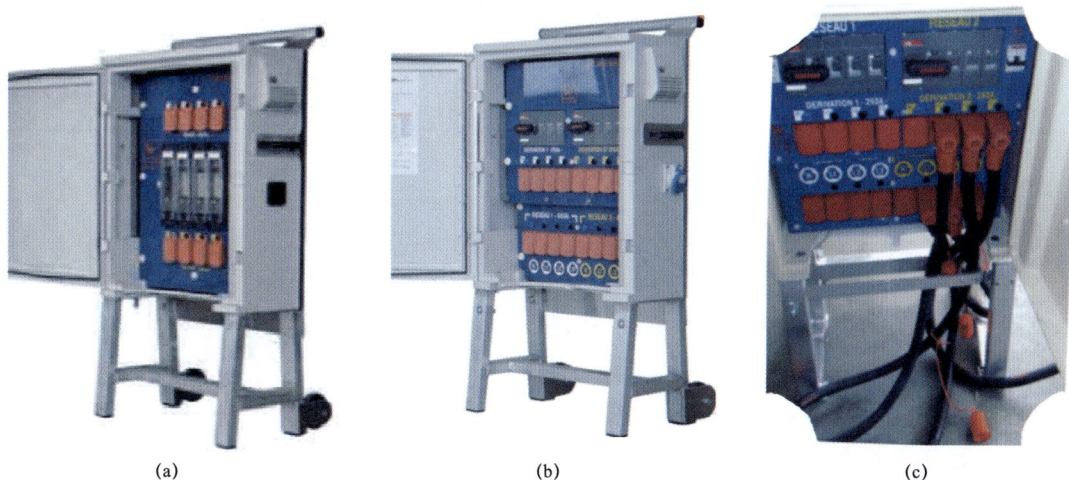

(a)　　　　　　　　　　(b)　　　　　　　　　　(c)

图 3−33　移动式旁路配电箱

（a）一进一出；（b）二进二出；（c）实际安装图

2. 实际应用情况

移动式旁路配电箱的实际应用如图 3-34 所示。

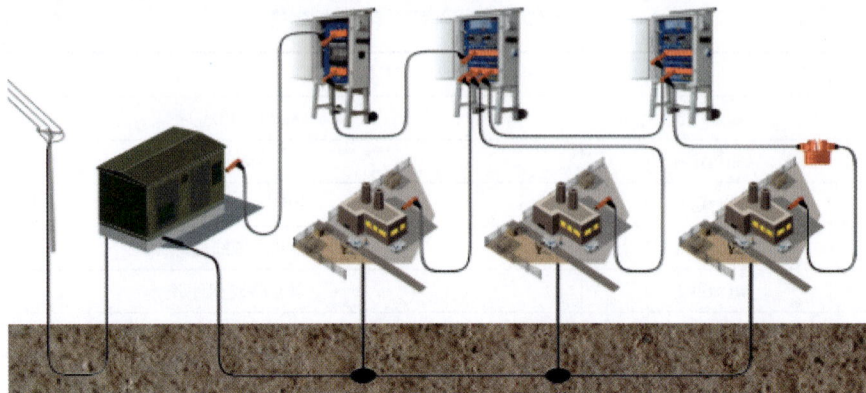

图 3-34 实际应用

3. 移动式旁路配电箱技术参数

移动式旁路配电箱的技术参数如表 3-8 所示。

表 3-8 移动式旁路配电箱技术参数

序号	技术参数	一进一出	二进二出
1	最大电压（V）	1000	1000
2	插座最大电流（A）	400	400
3	最大输入/输出（A）	400/400	800/800
4	连接器插座	M12 螺纹口	M12 螺纹口
5	测试点	4mm 安全插座	4mm 安全插座
6	具有移动脚轮		

五、移动式旁路低压柜

移动式旁路低压柜可代替原低压柜进行旁路作业，向用户提供临时电源。移动式旁路低压柜主要适用于综合不停电作业法更换或检修低压配电柜。

1. 旁路低压柜

移动式旁路低压柜根据功能分为进线柜、馈线柜、电容器柜，可根据负荷分配等情况进行现场搭配组合，如图 3-35 所示。多柜并联采用端子排螺栓连接，中间采用多条铜编织带并联。旁路低压柜的出线连接全部采用快速插拔式连接方式，采用移动方便的柔性电缆。临时低压柜出线末端全部安装快速端子连接器，现场实现用户低压电缆端子快速连接。

（1）进线柜。

1）CDM3-630F/3330 塑壳断路器。

2）极数选用 3 极，加入 UPS 电源设计后，可改为 4 极。

3）安装方式选用插入式板后接线。

（2）馈线柜。

1）选择 CDM3-2000N 万能式电操框架断路器。

2）无双电源接入需求，极数选择 3 极。

3）安装方式采用抽屉式，检修时有明显断开点。

（3）电容器柜。

1）选用型号为 CDM3-630F/3330 的塑壳断路器。

2）无双电源接入设计，则极数选用 3 极。

3）选取居民小区用户配电室调研，感性负载较小，按 20%进行补偿。

（4）整体外观设计特点。

1）体积小，宽度不大于 0.6m，深度不大于 0.6m，高度不大于 1.2m。

2）移动灵活，底部装有移动轮，并带减振和刹车功能。

3）接线方便，馈线柜对外接口采用快速插拔式电缆接口。

4）快速拼接，各柜体单独成柜，柜底加装固定装置。

5）减振减噪，柜与柜之间母排连接采用柔性连接。

6）安全可靠，主母排之间连接采用螺栓连接，并在顶部设计活动绝缘护罩。

2. 低压电缆转接箱

低压电缆转接箱是一种用于一接 N 的低压电缆分支箱，进出线都采用快速插拔式连接，箱体内采用铜排进行互联，全部采用快速插拔式连接方式，适用于多用户的接入。进线插拔头额定电流为 630A，出线额定电流分别为 400A、250A 和 125A，如图 3-36 所示。

3. 实际应用情况

低压电缆转接箱的实际应用如图 3-37 所示。

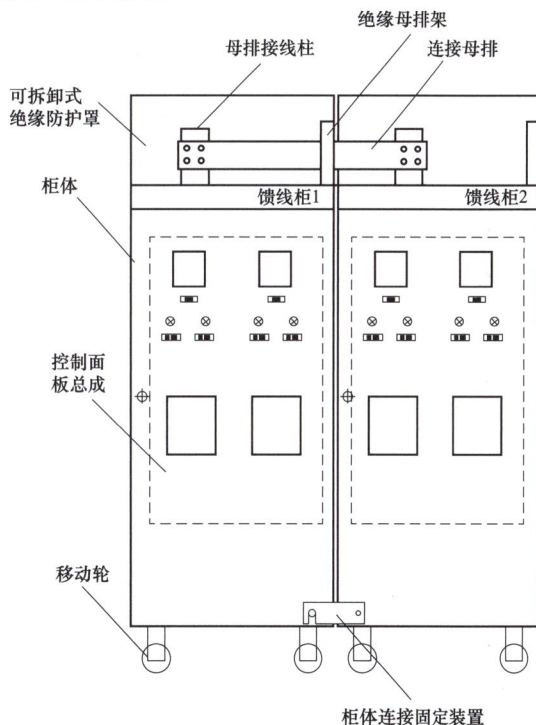

图 3-35 旁路低压柜

图 3-36　低压电缆转接箱
（a）电缆转接箱（正面）；（b）电缆转接箱（背面）

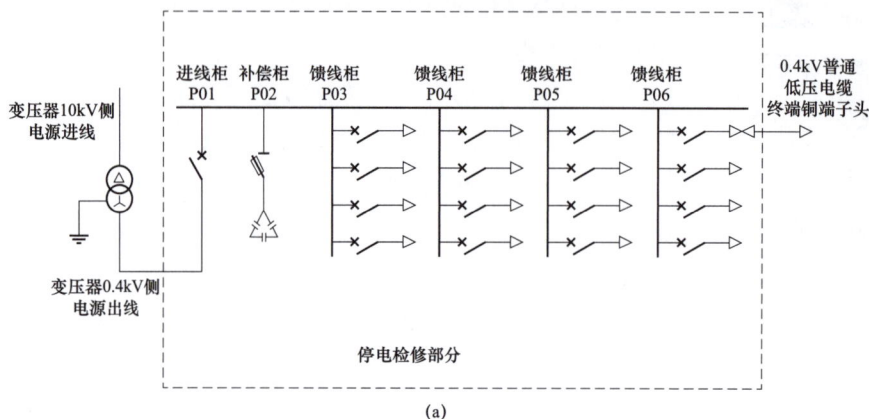

(a)

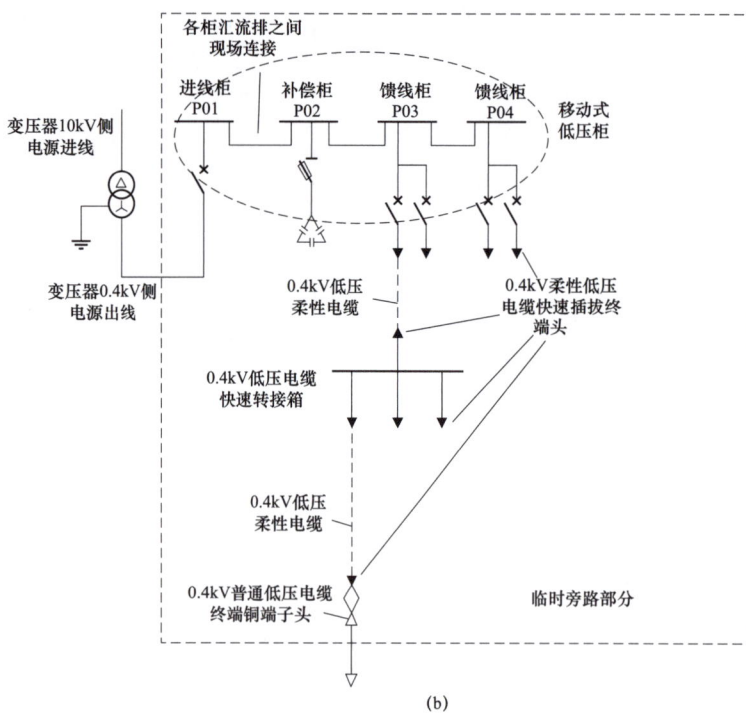

(b)

图 3-37　实际应用
（a）需更换或检修的配电柜；（b）采用移动式旁路配电柜进行旁路作业

六、主辅式旁路低压柜

1. 主要作用

主辅式旁路低压柜主要包括旁路主柜和旁路辅柜。旁路辅柜可深入低压出线电缆沟连接低压出线，通过辅柜的机动性提升装置整体的机动性。主辅式旁路低压柜主要适用于综合不停电作业法更换或检修低压馈线柜，如图3-38所示。

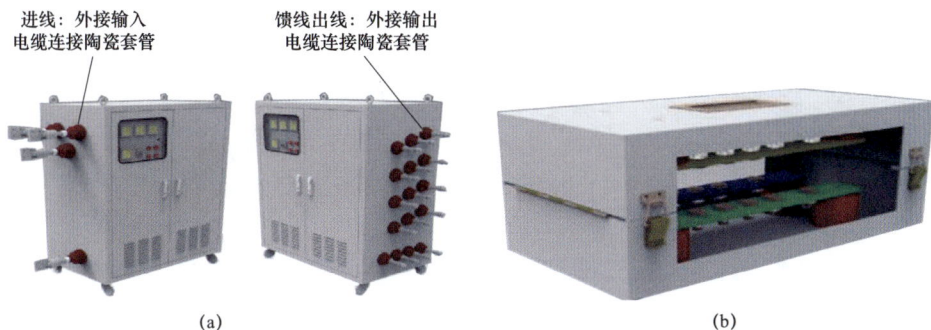

图3-38　主辅式旁路低压柜
(a) 旁路主柜；(b) 旁路辅柜

旁路主柜将进线单元、出线单元拼接，进出线都采用快速插拔式连接，主柜内设主断路器 1 台、塑壳开关 4 台，四路出线开关既可同时使用也可相互备用，最大可接入负载1000kVA，可置于低压配电房内或室外开阔处。旁路辅柜进线、出线全部采用螺栓压接至辅柜铜排，接线方式采用接耳连接，设计为一进四出、对开折页形式，进线、出线安装时可180°打开，安装完毕可完全闭合，遮蔽带电部分。

2. 实际应用情况

旁路主柜的实际应用如图3-39所示。

图3-39　实际应用情况

七、低压旁路应急母排

1. 主要作用

在高层建筑的供电系统中，母线槽作为供电主干线在电气竖井内沿墙垂直安装。当密集型母线槽发生故障后，因密集型母线槽抢修难度大，复电时间往往长达 24h，严重影响用户用电，如图 3-40 所示。

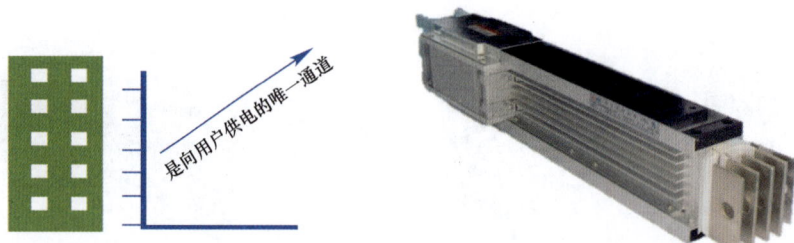

图 3-40 密集型母线槽

采用电缆临时接通对故障母线槽进行检修或更换，由于密集型母线槽的结构特点，两相之间距离小，无法连接低压电缆终端头。而低压旁路应急母排能实现临时电缆与密集母线的临时接通，其与密集母线槽的接口能够完全对接，如图 3-41 所示。

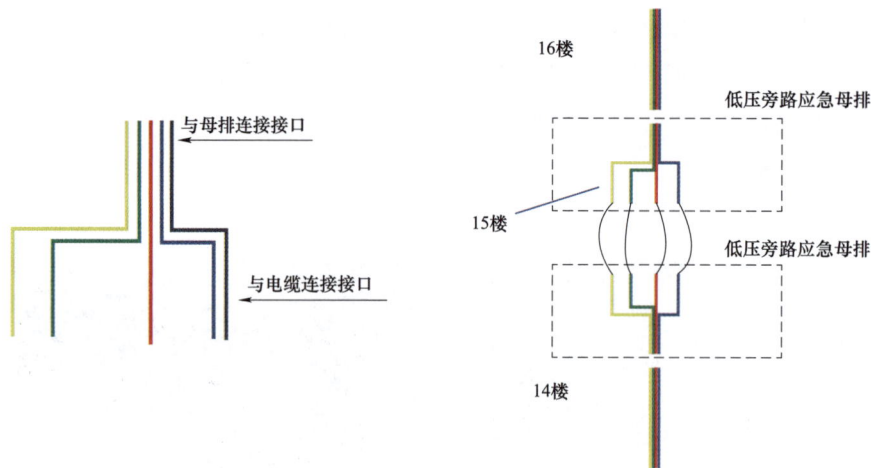

图 3-41 低压旁路应急母排设计原理图

2. 实际应用情况

低压旁路应急母排的实际应用情况如图 3-42 所示。

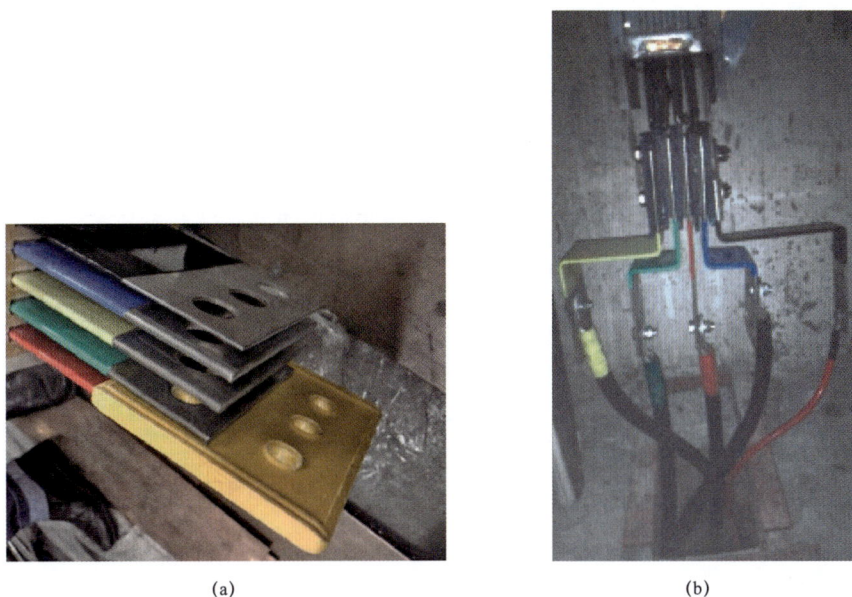

图 3-42　实际应用情况

（a）搭接式绝缘隔板；（b）现场安装图

八、移动箱变车

移动箱变车是装有一台箱式变电站的移动电源，箱式变电站的高、低压侧分别安装一组高压负荷开关和低压空气开关。通过负荷转移实现对杆上配电变压器的不停电检修，也可以从高压线路临时取电给低压用户供电。

1. 移动箱变车的分类及配置

（1）分类。

移动箱变车按车载配置设备分为基本型和扩展型。

1）基本型：开展较简单的配电线路及电缆临时供电作业项目。

2）扩展型：开展较复杂的配电线路及电缆临时供电作业项目。

移动箱变车应具备的主要功能如表 3-9 所示。随着技术的进步和成熟，可增加新的功能。

表 3-9　移动箱变车主要功能

设备名称	序号	功能/项目	基本型	扩展型
旁路柔性电缆卷盘	1	手动卷缆	●	●
	2	机械或液压卷缆	○	○
低压电缆卷盘	1	手动卷缆	○	●
	2	机械或液压卷缆	○	●
相位检测	1	高压侧相位检测	●	●
	2	低压侧相位检测	●	●
	3	自动相位检测	○	○

续表

设备名称	序号	功能/项目	基本型	扩展型
低压翻相	1	手动翻相	●	●
	2	自动翻相	○	○
高、低压侧出线	1	高压侧出线快速接口	○	●
	2	低压侧出线快速接口	○	○
旁路负荷开关及环网柜	1	旁路负荷开关应具备可靠的安全锁定机构	●	●
	2	配备至少一进二出的环网柜	○	○
高、低压保护	1	高压保护	○	○
	2	低压保护开关额定值>2/3变压器容量	○	●
辅助设备	1	液压垂直伸缩，液压支撑	●	●
	2	应急照明	○	○

注　●表示应具备的功能；○表示可具备的功能。

（2）基本配置。

1）车辆平台。车辆平台包括车辆底盘、厢体（车厢）结构等，是移动箱变车的运输载体。

2）车载设备。车载设备主要包括变压器、旁路负荷开关、旁路柔性电缆、低压配电屏等。

3）辅助系统。移动箱变车的辅助系统主要包括电气、照明、接地、液压、安全保护等系统。

移动箱变车如图3-43所示。

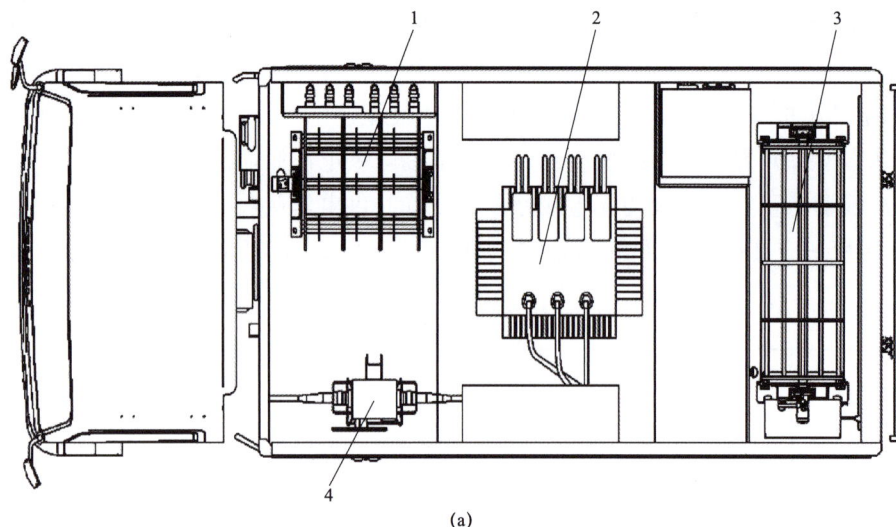

(a)

图3-43　移动箱变车（一）

（a）移动箱变车俯视图

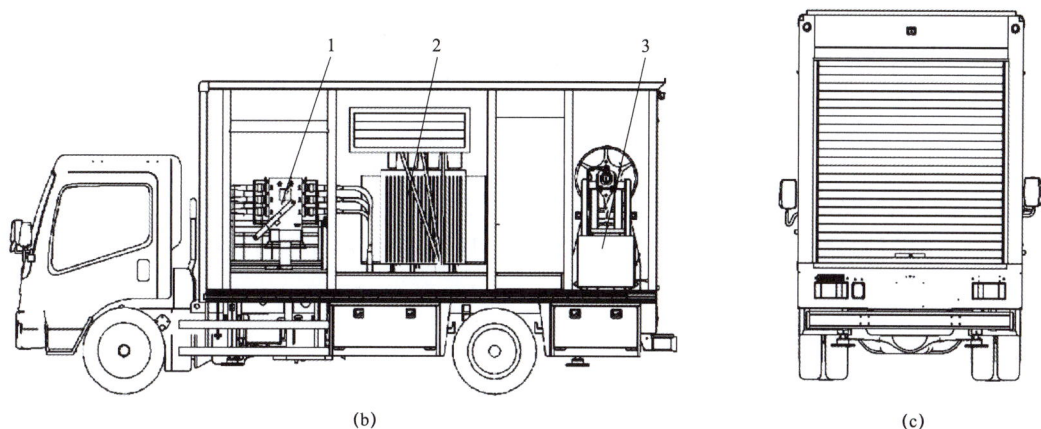

图 3-43　移动箱变车（二）

（b）移动箱变车左视图；（c）移动箱变车后视图

1—低压输出装置；2—变压器；3—旁路电缆输放装置；4—旁路负荷开关

2. 主要技术要求

（1）工作条件。

移动箱变车在下列环境条件下应能正常工作：

1）海拔：不超过 1000m；

2）环境温度：−40～40℃；

3）相对湿度：不大于 95%（25℃时）。

（2）车载设备要求。

1）接线方式：高压侧接线为一组进线与两组出线，出线一组用于连接变压器，另一组可用于转供负荷。低压侧出线为两组负荷（一主一备）输出。

2）配电变压器：应符合 GB 50150 的规定，容量可采用 250～630kVA 等规格的三相油浸自冷线圈无励磁调压配电变压器或干式变压器。

3）旁路负荷开关：应符合 Q/GDW 249 的规定，全绝缘，全密封，并能与环网柜、分支箱互连，具备良好的操作性能（机械寿命≥3000 次循环）和灭弧性，具备可靠的安全锁定机构。

4）旁路柔性电缆：应符合 Q/GDW 249 的规定，可弯曲能重复使用。

5）旁路连接器：包括进线接头装置、终端接头、中间接头、T 形接头，应符合 Q/GDW 249 的规定。连接接头要求结构紧凑、对接方便，并有牢固、可靠的可防止自动脱落锁口，在对接状态能方便改变分离状态。

6）旁路电缆连接附件：旁路电缆连接附件包括可触摸式终端肘型电缆插头、可分离式电缆接头、辅助电缆、引下电缆等，应符合 Q/GDW 249 的规定。型号与柔性电缆、带电作业用消弧开关、箱式变电站、环网柜、分支箱和高、低压进线柜匹配。

7）低压配电屏：应符合 GB 7251.1 的规定，将低压电路所需的开关设备、测量仪表、保护装置和辅助设备等，按一定的接线方式布置安装在金属柜内。低压配电屏为固定面板安装式，结构紧凑、少维护或免维护，具备高分断能力灭弧熔断器且操作性能安全可靠的分路出线单元，出线负载电缆宜采用快速连接方式。

8）低压柔性电缆：应符合 GB 7594 的规定，可弯曲能重复使用。

9）环网柜：应符合 GB 11022 的规定，应分为负荷开关室（断路器）、母线室、电缆室和控制仪表室等金属封闭的独立隔室，其中负荷开关室（断路器）、母线室和电缆室均有独立的泄压通道。

（3）辅助系统。

1）接地系统：移动箱变车应有专用的集中接地点，并具有明显的接地标志。移动箱变车上各电气设备及整车应具有可靠的保护和工作接地连接网络，整车配置充足可靠的接地线缆和接地钎等设备，并设置方便操作的接地连接点。接地电阻均应不大于 4Ω，保护接地和工作接地要相距 5m 及以上。

2）液压系统：为移动箱变车在车库停放时或是在机组工作时保护轮胎及车桥提供支撑，四只液压支腿带有锁定装置，每只腿均能独立操作。

九、应急发电车

应急发电车也称为移动电源车、应急电源车。多功能应急发电车主要用于若停电将会产生严重影响的电力、通信、会议、工程抢险和军事等场所，作为机动应急用电源。发电车具有良好的越野性和对各种路面的适应性，适应于全天候的野外露天作业，而且能在极高、极低气温和沙尘等恶劣的环境下工作，具有整体性能稳定可靠、操作简便、噪声低、排放性好、维护性好等特点，如图 3-44 所示。

图 3-44 应急发电车

1. 适用环境

（1）环境温度：−20～＋40℃。

（2）海拔：≤2000m。

（3）抗风等级：八级。

2. 基本性能

（1）车载系统。

1）车速。电源车选用东风、五十铃、依维柯等汽车的发动机与底盘，移动速度可达100km/h 上。

2）载重量。在考虑应急电源的全部设备重量总和的基础上，车辆的载重量还留有 10%～15% 不等的裕度。

3）人性化操作和维修空间。机组开机、关机操作和仪表观察时，操作人员可在车内进行。车厢内留有较大空间并装有附属设施，以方便维修和保养，操作间装有计算机、空调、沙发等设施，在外界恶劣环境保电时可供操作员有良好的工作环境。

4）安全措施。车厢内门口处配有消防灭火器，车厢内配有烟感报警器，照明灯和应急灯，还有方便使用的接地纤和接地线，以有效保证发电车的安全。

（2）柴油发电机组。

1）柴油机宜选用美国 CAT、英国威尔信、康明斯、潍柴等知名品牌。

2）发电机组采用无自励交流同步发电机，采用 AVR 自动电压调节。

3）发电机安装底座为机底油箱结构，油箱储油能满足机组运行 8h 以上的要求。

4）发电机组的功率有 20～2000kW 多种规格：带有缸套水预热和启动蓄电池浮充装置，随时处于备用状态，机组启动后能在 12s 内带满负载，完全满足应急快速供电的要求。

（3）控制和操作系统。

1）机组配套的控制屏提供手动启动机组的功能，可自动监测机组的运行，提供机组的保护功能，控制屏面板上提供机组运行全部参数的指示表，便于直观地查看机组状态。

2）紧急停机按钮。箱体侧安装有观察操作窗，该窗可通过手动方式完成机组的开启及关闭操作。操作窗口内需安装紧急停机开关，当机组出现异常时可以快速停机。操作员可以在该窗开启时完成对柴油发电机组开启、停止、主开关送电、主开关断电、其他附属开关送电及断电等相关操作，可以在该窗关闭时通过观察窗观察到柴油发电机组各类运行数据等。

3）控制箱。车厢侧面设有控制箱，发电机组电力输出部分、避雷系统安装于控制箱内，操作人员可站在地面进行机组及对其他设备的操作、检查、监控，操作方便。控制箱的出线空气开关，当电流偏大超出该空气开关的设定值时，即会自动断开。

4）当出现机油压力偏低、冷却液温度偏高、机组超速等异常情况时，会自动报警或停机。

5）市电充电接口。车厢外应安装市电充电接口，用于为机组提供交流 220V、380V 电源，供机组加热充电、照明、车辆底盘电池充电使用，应具有良好的防水防尘、抗冲防振、密封性和绝缘性。

（4）出线电缆系统。

发电车的动力电缆选用 YC 系列重型橡套软电缆，长度一般为 50m，也可根据需要增加到 100m，电缆线径与发电机容量相匹配，以满足各种特殊应用场合应急供电的需要。电缆的工作电压在 450～750V，工作温度为 10～65℃，电缆阻燃、耐高温（65℃）抗油性好。

电缆绞盘采用单相分体式电动电缆绞盘，可以根据现场需要进行无级调速，同时具备手动功能，在没有外接电源或发电车未启动的情况下可以用手操作进行收放电缆。

输出电缆与发电机组输出端的连接采用电缆快速连接器连接。每根电缆一端为铜鼻子，另一端为快速连接器，连接器应具有插拔快捷、接线方便、电接触可靠、良好的密封性和绝缘性、防水防尘、抗冲防振、使用寿命长的特点。

第四节　自制专用工器具及装备

一、绝缘隔板

1. 调整沿墙支架用绝缘隔板

（1）主要作用。

作业时，使低压导线与沿墙支架保持可靠的绝缘隔离，并限制作业人员的活动范围，避免引起相地短路，如图 3−45 所示。

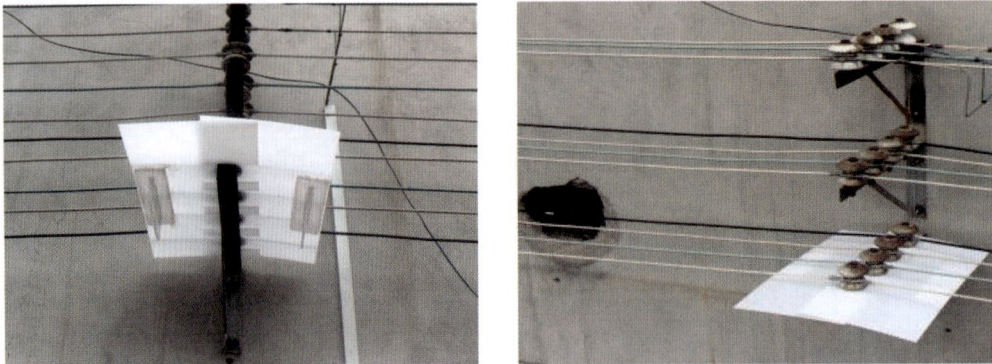

图 3−45　调整沿墙支架用绝缘隔板

（2）使用说明。

作业人员攀登绝缘梯至合适位置，戴绝缘手套手持隔板手柄，向绝缘子与横担连接缝隙槽内正反两个方向插入两个隔板，确认隔板安装稳固后，便可开始调整沿墙支架的工作。

（3）注意事项。

1）安装时注意对准绝缘子与横担缝隙。

2）安装完毕后检查是否安装牢固。

3）安装时必须戴绝缘手套，手持隔板绝缘手柄。

4）安装完毕作业时务必控制双臂活动范围，不可超出隔板隔离范围。

2. 更换拉线用绝缘隔板

（1）主要作用。

在带电更换拉线工作中，拆除和安装拉线抱箍等环节时，控制作业人员活动范围，使作业人员、接地体与带电导线保持可靠绝缘隔离，如图 3−46 所示。

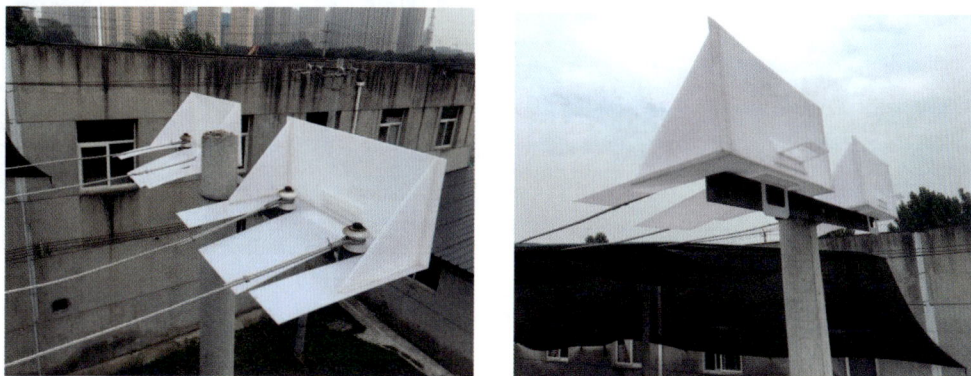

图 3−46　更换拉线用绝缘隔板

（2）使用说明。

作业人员穿戴脚扣攀登至合适位置，戴绝缘手套手持隔板手柄，向绝缘子与横担连接缝隙槽内顺线路方向插入 AB、C 零两个隔板，确认隔板安装稳固后，便可开始拆除或安装拉线的工作。

（3）注意事项。

1）安装时注意对准绝缘子与横担缝隙。

2）安装完毕后检查是否安装牢固。

3）安装时必须戴绝缘手套，双手持隔板绝缘手柄。

4）安装完毕作业时，务必控制双臂活动范围，不可超出隔板隔离范围。

3. 配电柜（房）开关遮蔽罩

（1）主要作用。

配电柜（房）开关遮蔽罩主要作用是配电柜（房）相间、相地的绝缘隔离，避免引起相地短路，如图 3−47 所示。

（2）使用说明。

作业人员戴绝缘手套，手持配电柜（房）开关遮蔽罩安装在待检修配电柜（房）的对应设备上，形成绝缘隔离以便进行低压检修工作。

（3）注意事项。

1）安装完毕后检查是否安装牢固。

2）安装完毕作业时不可超出隔板隔离范围。

3）安装时必须戴绝缘手套。

4）保持与异电位物体必要的安全距离。

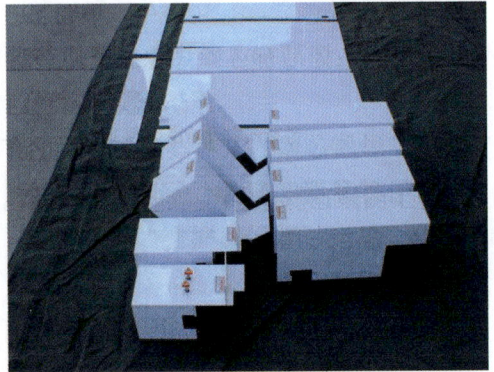

图 3-47　配电柜（房）开关遮蔽罩

4. 相间绝缘隔板

（1）主要作用。

相间绝缘隔板主要作用是低压导线相间的绝缘隔离，避免引起相地短路，如图 3-48 所示。

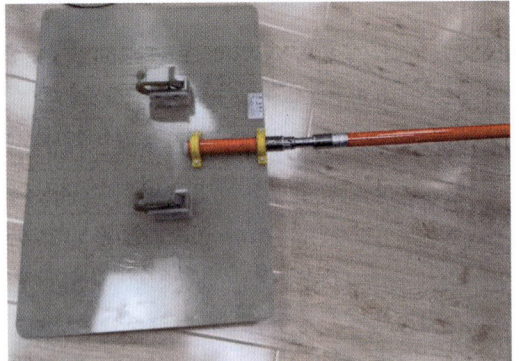

图 3-48　相间绝缘隔板

（2）使用说明。

作业人员使用升降平台至合适位置，戴绝缘手套手持绝缘操作杆将相间绝缘隔板安装在待断接接户线主线相邻两相主线上，形成绝缘隔离以便进行断接接户线工作。

（3）注意事项。

1）安装完毕后检查是否安装牢固。

2）安装完毕作业时务必控制引线活动范围，不可超出隔板隔离范围。

3）安装时必须戴绝缘手套，手持隔板绝缘手柄。

4）保持与带电体必要的安全距离。

二、旁路接地线

1. 主要作用

当配电柜的接地线发生损坏需要进行更换时，可用旁路接地线将原接地线进行旁路后对配电柜的接地线进行更换，如图3-49所示。

图3-49　旁路接地线

2. 使用说明

对配电柜接地线进行检测，确无电流后，在配电柜接地线两端安装旁路接地线，将原接地线进行更换，在更换作业中，旁路接地线作为配电柜的临时接地线使用。

3. 注意事项

（1）作业前，应检查旁路接地线的表面无损伤，连接部位连接可靠。

（2）安装时应戴绝缘手套，穿绝缘鞋。

（3）安装时应先接接地体的连接端，再接配电柜的连接端；拆除时，正好相反。

（4）安装应牢固、连接可靠。

三、低压电缆引线绝缘收集器

1. 主要作用

低压电缆引线拆除后，使用低压电缆引线绝缘收集器将低压电缆引线进行绝缘隔离并固定成盘状，防止低压引线相对地或相间短路，图3-50所示。

图 3-50 低压电缆引线绝缘收集器

2. 使用说明

首先，在带电断低压空载电缆引线作业中，当低压电缆引线拆除后，首先将低压电缆引线接线端子穿入低压电缆引线绝缘收集器沟槽内的挂钩中，固定接线端子。其次，将余下电缆引线盘入低压电缆引线绝缘收集器的沟槽内。最后，旋转固定装置将引线压紧至沟槽内。此时已断开的电缆引线即被可靠绝缘隔离。

3. 注意事项

（1）引线端子应穿入挂钩底部，防止引线脱落。

（2）被盘入的引线应与沟槽底部紧密贴合，防止引线超出收集器外部，造成绝缘失效。

（3）固定装置应紧固，防止引线从收集器内脱出。

四、电能表出线固定器

1. 主要作用

带电更换电能表时，电能表出线固定器用来固定电能表的多路出线，可省去连接线带电线头的绝缘包裹，并解决了线头间、线头与表箱的带电碰触问题，如图 3-51 所示。

2. 使用说明

带电更换电能表前，先脱开电能表，将出线固定器拆开后固定在电能表的出线位置，然后打开电能表盖板，松开连接螺栓，拆除电能表，新电能表安装连接后，拆除出线固定器。

3. 注意事项

（1）安装时穿绝缘鞋、穿戴好防电弧用具。

（2）安装电能表出线固定器前，应先脱开电能表，留出安装的空间。

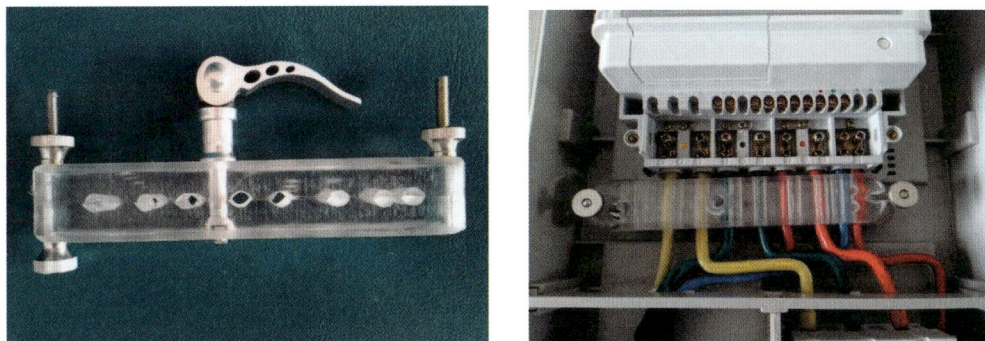

图 3-51　电能表出线固定器

（3）电能表出线固定器的上沿距电能表的距离，一般为 5mm 左右，如过大会造成带电线头的触碰。

（4）新电能表的位置与原位置不吻合时，宜将电能表与导线先连接好，再重新打孔找安装位置。

五、旁路引流线固定杆

1. 主要作用

将旁路引流线跨越耐张横担，悬吊固定在导线下侧，避免旁路引流线线夹受力过大。由锁杆锁头、绝缘杆（$\phi30mm$，长度 500～700mm）、快速锁扣等组成，如图 3-52 所示。

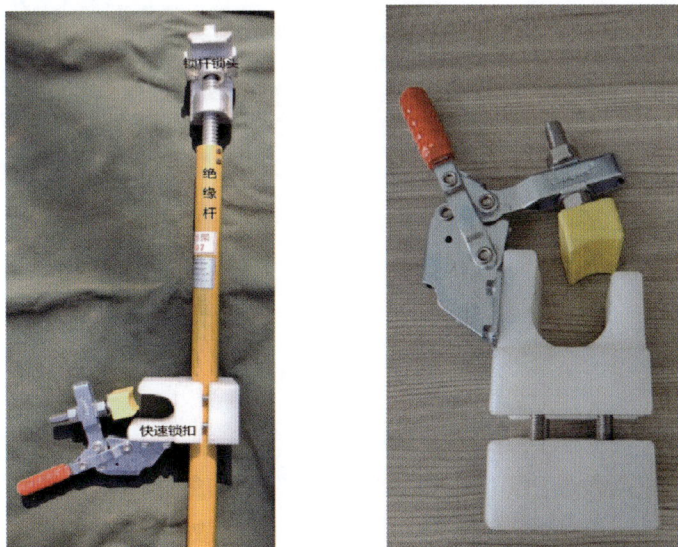

图 3-52　旁路引流线固定杆

2. 使用说明

作业人员在作业范围进行绝缘遮蔽后，将旁路引流线固定杆锁固在作业相导线的旁路线夹破口附近，待旁路引线展放后，将旁路引线在适当位置，锁固在旁路引流线固定杆下部的快速锁扣内固定。

3. 注意事项

（1）安装时穿绝缘鞋、戴绝缘手套、戴安全帽。

（2）安装位置应考虑旁路引流线长度，有足够的长度使得旁路引流线的线夹安装在导线上。

（3）应悬吊安装在导线下部，固定可靠。

（4）快速锁扣在绝缘杆上的位置可调，便于不同环境条件的作业。

六、并沟线夹安装杆

1. 主要作用

主要用于采用并沟线夹进行绝缘杆带电接支接线路引线，此线夹安装杆可同时带电安装两个并沟线夹，操作便利，如图 3-53 所示。

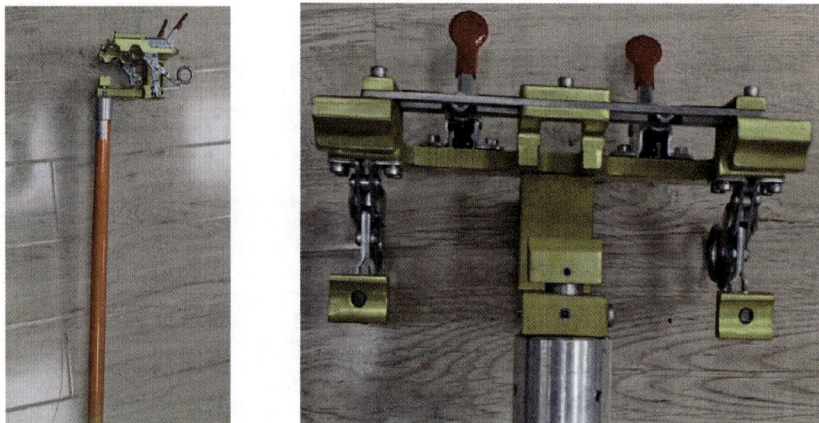

图 3-53　并沟线夹安装杆

2. 使用说明

作业人员使用升降平台至合适位置，将并沟线夹固定在安装工具上，再将引线穿入线夹后将线夹安装槽嵌入待搭接相导线位置，使用绝缘套筒杆紧固并沟线夹，松开及取下安装工具。

3. 注意事项

（1）安装完毕后检查是否安装牢固。

（2）安装作业时务必控制引线活动范围，不可超出隔板隔离范围。

（3）安装时必须戴绝缘手套。

（4）保持与带电体必要的安全距离。

七、低压旁路引流装置

1. 主要作用

旁路引流装置投入后，可以有效减少通过设备原件的电流，实现带负荷断、接设备元件的功能，如图3-54所示。

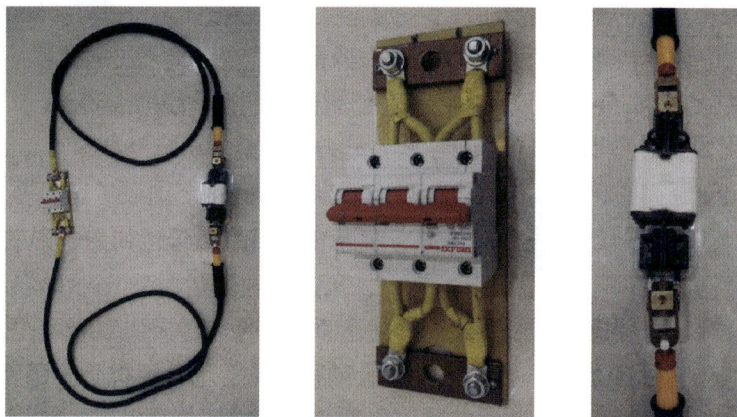

图3-54　低压旁路引流装置

2. 使用说明

作业人员先将引流线柔性电缆接线端子接入负荷开关，再将引流线柔性电缆两端分别通过六面螺母连接器接入熔断器底座的上、下桩头，最后合上负荷开关即可。

3. 注意事项

（1）安装时要确保负荷开关处于分位。

（2）安装完毕后检查各节点是否安装牢固。

（3）安装六面螺母连接器时必须戴绝缘手套。

（4）安装时要保持工器具、材料与带电体的安全距离。

八、低压配电柜（房）螺栓拆卸工具

1. 主要作用

适用于低压配电柜（房）等封闭作业环境下螺栓的拆卸工作，具备可视摄像头和光源，如图3-55所示。

2. 使用说明

当低压配电柜（房）内部设备发生故障需要拆卸螺栓时，配合手机或平板电脑应用工具进行螺栓拆卸。

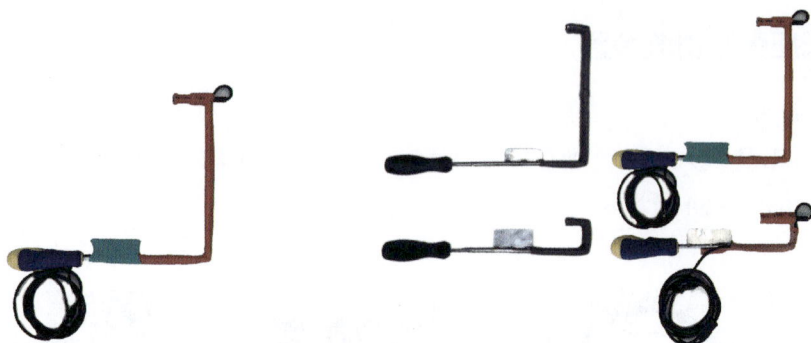

图 3-55　螺栓拆卸工具

3. 注意事项

（1）配合手机或平板电脑使用。

（2）保持与异电位物体必要的安全距离。

九、低压移动电缆分支箱

1. 主要作用

对 0.4kV 侧出线电缆存在充足空间，方便与移动分支箱对接的箱式变电站，当发生箱体及内部部件故障需要调换的情况时，可利用一种配置电缆快速接头的低压移动电缆分支箱，通过发电车配合接入，实现快速恢复用户供电，如图 3-56 所示。

图 3-56　低压移动电缆分支箱

2. 使用说明

当箱式变电站内部设备发生故障时，先拆除箱变 0.4kV 出线电缆头，利用应急发电车接入低压移动电缆分支箱，对箱变 0.4kV 出线恢复临时供电。

3. 注意事项

（1）电缆快速接头连接时应先进行清洁，连接时应牢固可靠。

（2）低压移动电缆分支箱的开关送电前应验明出线确无电压。

（3）低压移动电缆分支箱停送电操作时，作业人员应穿戴电弧防护服、电弧防护面罩、电弧防护手套、电弧防护鞋罩等。

第五节 绝 缘 承 载 工 具

一、低压 0.4kV 综合抢修车

1. 主要作用

低压 0.4kV 综合抢修车主要用于 0.4kV 配电架空线路的带电作业和应急抢险等工作，操作方便灵活，可在狭窄的城区及乡村的道路上进行高空作业。车辆一般选用皮卡底盘，上装以混合臂式为主，上装的作业臂为金属臂，工作斗为绝缘斗，如图 3-57 所示。

图 3-57 低压 0.4kV 综合抢修车

2. 主要技术参数

低压 0.4kV 综合抢修车主要技术参数，如表 3-10 所示。

表 3－10 低压 0.4kV 综合抢修车主要技术参数

序号	名　称	技术参数
1	作业线路电压	0.4kV
2	工作斗额定载荷	≥100kg
3	工作斗类型	单人单斗
4	工作斗尺寸（长×宽×高）	≥0.6m×0.7m×1.0m
5	最大作业高度	≥12m
6	工作斗最大作业高度时作业幅度	≥1.2m
7	工作斗最大作业幅度（半径）	≥5m
8	回转角度	330°（非连续回转）
9	支腿型式	前 A 后 H
10	支腿调整方式	单独可调
11	臂架型式	混合式
12	操作系统	工作斗和转台两组操作系统
13	液压系统	液压无级调速
14	应急动力系统	手动应急泵
15	安全装置	整车水平仪
16	调平系统	液压自动调平
17	车体接地线	≥25mm² 多股接地铜线
18	操作方式	具备有线和无线遥控
19	作业斗调平方式	液压调平
20	安全装置	配备水平传感、过载传感器、紧急停止装置、支撑腿传感器、防干涉传感器、液压缸自动锁紧装置、手动辅助应急系统等
21	工作外斗沿面耐受电压	50kV/min（0.4m）
22	工作内斗层间耐受电压	50kV/min
23	车内电源接口配置	220V 电源接口、24V 直流电源接口

二、绝缘梯

1. 主要作用

在低压配电网不停电作业中，绝缘梯作为作业时人员的承载工具，属于主绝缘工具。常用的有绝缘单梯、绝缘关节梯、绝缘合梯、绝缘人字梯、绝缘升降梯（绝缘伸缩单梯、绝缘伸缩合梯、绝缘伸缩人字梯）等。绝缘梯采用高温聚合拉挤制造工艺，材质选用环氧树脂结合销棒技术。梯撑、梯脚防滑设计不易疲劳，梯各部件外形无尖锐棱角，安全程度高，绝缘性能强；吸水率低，耐腐蚀，如图 3－58 所示。

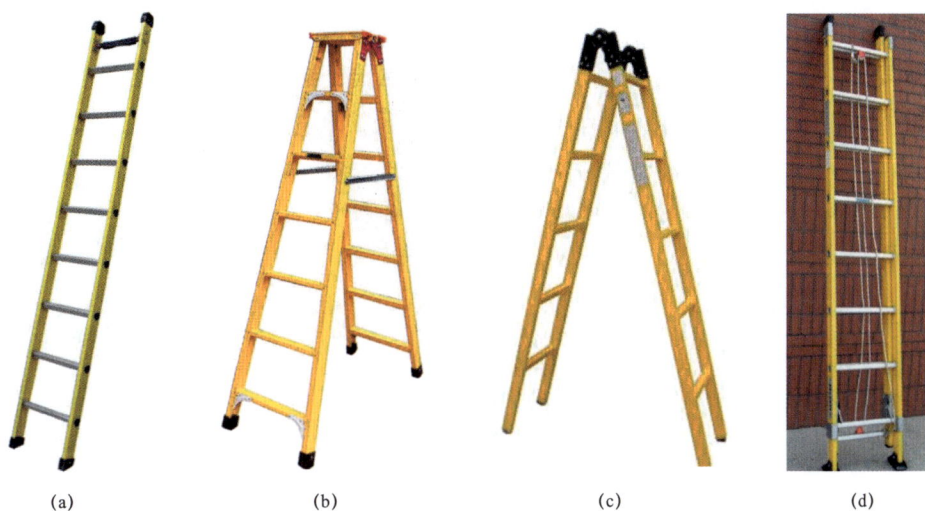

图 3-58　绝缘梯

(a) 绝缘单梯；(b) 绝缘人字梯；(c) 绝缘关节梯；(d) 绝缘伸缩单梯

2. 使用注意事项

（1）使用梯子前，必须仔细检查梯子表面、零配件、绳子等是否存在裂纹、严重的磨损及影响安全的损伤。

（2）使用梯子时应选择坚硬、平整的地面，以防止侧歪发生危险；如果梯子使用高度超过 5m，请务必在梯子中上部设立拉线。

（3）梯子应坚固完整，有防滑措施。梯子的支柱应能承受攀登时人员及所携带的工具、材料的总重量。

（4）单梯的横担应嵌在支柱上，并在距梯顶 1m 处设限高标志。使用单梯工作时，梯与地面的斜角度约为 60°。

（5）梯子不宜绑接使用。人字梯应有限制开度的措施。

（6）人在梯上时，禁止移动梯子。

第六节　常用仪器仪表

一、低压验电笔

1. 主要作用

低压验电笔是用来检查室内低压电气设备或低压线路是否有电的检测工具。低压验电笔有钢笔式、螺丝刀式和数字显示式三种，如图 3-59 所示。

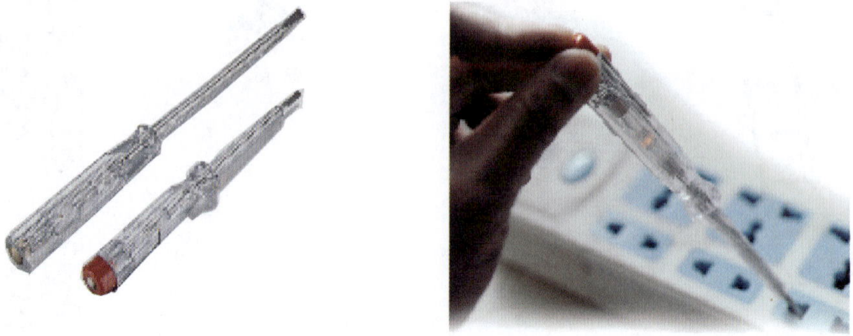

(a)　　　　　　　　　　　　　　(b)

图 3-59　低压验电笔

(a) 低压验电笔的结构；(b) 低压验电笔的使用

2. 使用方法和注意事项

（1）使用低压验电笔验电时，应以手指触及笔尾的金属体，使氖管小窗口或液晶显示窗背光朝向自己。

（2）使用前，先要在有电的导体上检查电笔是否正常发光，检验其可靠性。

（3）在明亮的光线下往往不容易看清氖泡的辉光，应注意避光。

（4）低压验电笔可以用来区分相线和零线，氖泡发亮的是相线，不亮的是零线。

（5）低压验电笔可用来判断电压的高低。氖泡越暗表明电压越低；氖泡越亮，则表明电压越高。

二、低压验电器

1. 主要作用

低压验电器是用来检查低压电气设备或低压线路是否有电的检测工具，其主要结构为伸缩式绝缘杆和检测装置，如图 3-60 所示。

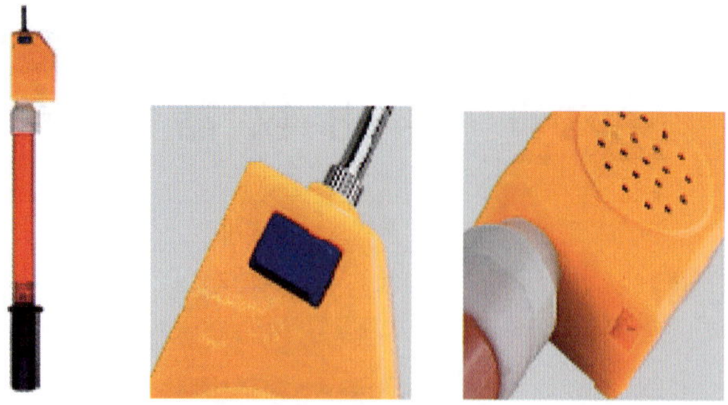

(a)　　　　　　　　(b)　　　　　　　　(c)

图 3-60　低压验电器

(a) 低压验电器；(b) 低压验电器自检按钮；(c) 低压验电器工作指示灯

2. 使用方法和注意事项

（1）使用验电器前，应先检查验电器的工作电压与被测设备的额定电压（有高压、低压之分）是否相符，验电器是否超过有效试验期，并检查绝缘部分有无污垢、损伤、裂纹；检查声、光信号是否正常。利用验电器的自检装置，检查验电器的指示器叶片是否旋转以及声、光信号是否正常。

（2）验电时，工作人员必须穿绝缘鞋、戴绝缘手套，并且必须握在绝缘棒护环以下的握手部分，不得超过护环。同时不可以一个人单独测试，必须有人监护；测试时要防止发生相间或对地短路，人体与被测带电体应保持足够的安全距离，10kV 及以下电压为 0.7m 以上。

（3）在验电时，应将验电器的金属接触电极逐渐靠近被测设备，一旦验电器开始正常回转，且发出声、光信号，即说明该设备有电。应立即将金属接触电极离开被测设备，以保证验电器的使用寿命。若指示器的叶片不转动，也未发出声、光信号，则说明验电部位已确无电压。

（4）在停电设备上验电时，应先在有电设备上验电，验证验电器功能正常，且必须在设备进出线两侧各相分别验电，以防可能出现一侧或其中一相带电而未被发现。

（5）验电时，验电器不应装接地线，除非在木梯、木杆上验电，不接地不能指示者，才可装接地线。

（6）每次使用完毕，在收缩绝缘棒装匣或放入包装袋之前，应将表面尘埃拭净，再存放在柜内，保持干燥，避免积灰和受潮。

（7）室外使用高压验电器时，必须在天气良好的情况下进行。在雪、雨、雾及湿度较大的情况下不宜使用，以防发生危险。

三、万用表

1. 主要作用

万用表又称为多用表、繁用表等，一般以测量电压、电流和电阻为主要目的。万用表是一种多功能、多量程的测量仪表，一般可测量直流电流、直流电压、交流电流、交流电压、电阻和音频电平等，有的还可以测电容量、电感量及半导体的一些参数（如 β）等。

万用表按显示方式分为指针式万用表和数字式万用表。数字式万用表的测量值由液晶显示屏直接以数字的形式显示，读取方便，有些还带有语音提示功能，如图 3-61 所示。

2. 使用方法和注意事项

（1）在使用机械式万用表之前，应先进行机械调零，即在没有被测电量时，使万用表指针指在零电压或零电流的位置上。注意万用表内部电池电量。

（2）在使用万用表过程中，不能用手去接触表笔的金属部分，这样一方面可以保证测量的准确，另一方面也可以保证人身安全。

（3）在测量某一电量时，不能在测量的同时换挡，尤其是在测量高电压或大电流时。如需换挡或插针位置，应先断开表笔，换挡后再去测量。

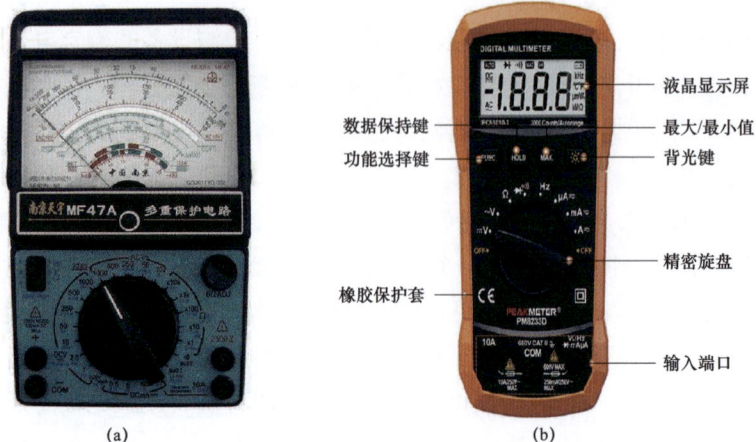

图 3-61 万用表

（a）指针式万用表；（b）数字式万用表

（4）万用表在使用时，必须水平放置，以免造成误差。同时还要注意避免外界磁场对万用表的影响。

（5）机械式万用表使用完毕，应将转换开关置于交流电压的最大挡，电子式万用表则置于 OFF 挡。如果长期不使用，还应将万用表内部的电池取出来。

四、钳形万用表

1. 主要作用

钳形万用表是集钳形电流表和数字式万用表的多功能仪表。其电流互感器的铁心在捏紧扳手时可以张开，被测电流所通过的导线可以不必切断就可穿过铁心张开的缺口，当放开扳手后铁心闭合。可用来测量交流电流、交流电压、直流电流、直流电压，以及电阻、连通性、频率、二极管测试，如图 3-62 所示。

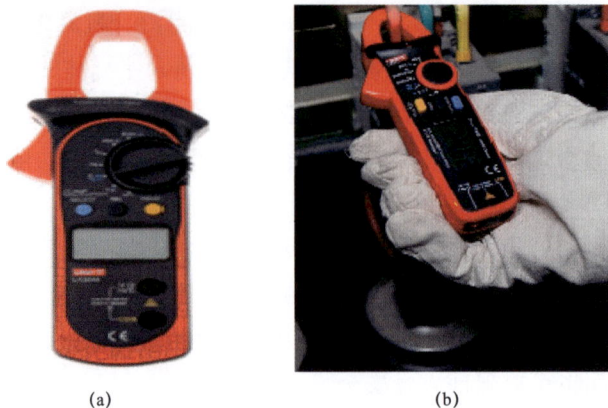

图 3-62 钳形万用表

（a）数字式钳形万用表；（b）钳形电流表的使用

2. 使用方法和注意事项

（1）根据被测电流的种类、电压等级正确选择钳形电流表。被测线路的电压要低于钳表的额定电压。

（2）在使用前检查钳形电流表的外观情况：绝缘性能是否良好，外壳应无破损，手柄应清洁干燥；若指标没在零位，应进行机械调零。钳口应紧密接合，若指标抖晃，可重新开闭一次钳口，如果仍然抖晃，应仔细检查，注意清除钳口杂物污垢。

（3）将功能刀盘旋钮打到电流挡位（A），根据被测电流大小来选择合适的量程。量程应稍大于被测电流数值，若无法估计，应从最大量程开始测量，逐步变换挡位直至量程合适。严禁在测量进行过程中切换钳形电流表的挡位，换挡时应先将被测导线从钳口退出再更换挡位。当测量 5A 以下的电流时，为使读数更准确，在条件允许时，可将被测导线绕数圈后放入钳口进行测量。此时被测导线实际电流值应等于仪表读数值除以放入钳口的导线圈数。

（4）用钳头卡住单根被测导线，钳头与被测导线垂直，钳口闭合紧密，被测导线在钳口中央。测量时应注意身体各部分与带电体保持安全距离，低压系统安全距离为 0.1～0.3m。要特别注意保持头部与带电部分的安全距离，人体任何部分与带电体的距离不得小于钳形表的整个长度。测量低压保险器或水平排列低压母线电流时，应在测量前将各相保险器或母线用绝缘材料加以保护隔离，以免引起相间短路。当电缆有一相接地时，严禁测量，防止出现因电缆头的绝缘水平低发生对地击穿爆炸而危及人身安全。钳形电流表不能测量裸导体的电流。

（5）读数后，将钳口张开退出被测导线，然后将挡位置于电流最高挡或 OFF 挡。钳形电流表应保存在干燥的室内。

五、低压核相仪

1. 主要作用

用于检测环网或双电源电力网闭环点断路器两侧电源是否同相。在闭环两电源之前一定要进行核相操作，否则可能发生短路，如图 3–63 所示。

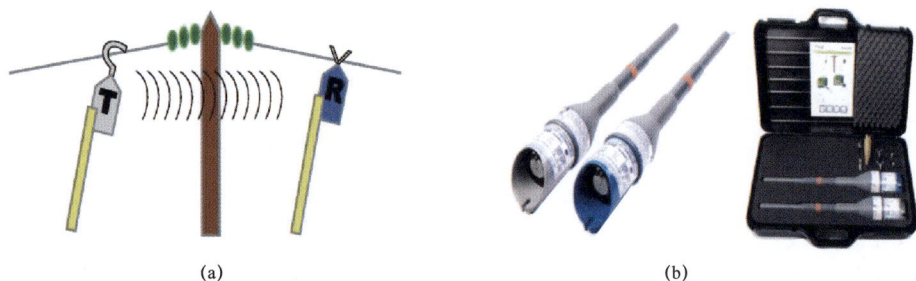

(a)　　　　　　　　　　　　　　(b)

图 3–63　无线核相仪

（a）无线核相仪的使用；（b）无线核相仪

2. 使用方法和注意事项

（1）在低压架空线路上，常采用无线核相仪核相，手拿着 XY 发射器绝缘部分，接触 380V 线路，主机显示线路是否同相。

（2）在配电柜和配电箱中，常采用万用表进行核相。

（3）分别测已知相与校核相之间的电压，其同相电压接近 0V 或很小，非同相电压差接近 380V。

六、相序表

1. 主要作用

相序表是交流三相相序表的简称，是一种用于判别交流电三相相序的仪器。能判断电路是否带电或判断电源正相、反相等，同时它还可用于检测出现的缺相、逆相、三相电压不平衡、过电压、欠电压等现象，如图 3-64 所示。

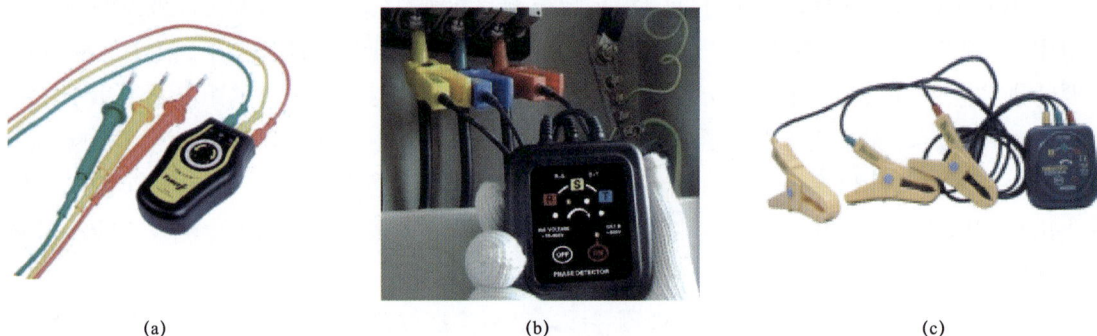

(a)　　　　　　　　　(b)　　　　　　　　　(c)

图 3-64　相序表
（a）指针式相序表；（b）夹钳式相序表；（c）相序表的使用

2. 使用方法及注意事项

（1）将三根线分别接到预检测的三相线上，然后打开仪器，仪器上方的指示灯将会亮起。按下仪器上的测量键，开始检测。检测时，仪器上的四个相序指示灯（绿灯）按着顺时针的方向依次亮起，同时仪器发出短鸣声，则所测相线为正相序。反之，若仪器上相序指示灯（红灯）按逆时针的方向亮起，同时仪器发出长鸣声，则所测相线为逆相序。

（2）判断缺相/查找电源断线位置：将相序表上的三个钳夹任意夹住要检测的三相线，然后开机，并按下检测按钮。若出现了 R-S 或 S-T 灯不亮的状况，则说明发生了缺相的情况。如果要判断缺相、断线的位置，则应用任意一个钳夹，沿着所夹的相线移动，来检测该导线是否断线。若 R-S 或 S-T 灯不亮，则说明断线位置位于检测点之前，依次缩短钳夹检测点的位置，就能够精确地找出断线的位置，以便对线路进行检修。

（3）在使用相序表时，无需其他电源或电池为其供电，而是直接由被测电源供电即可。

（4）一般情况下，相序表的面板上拥有 A、B、C 三个发光二极管，它们分别对应着三相来电。如果在测量中，被测电源出现缺相的情况，相应的二极管将不会发光。

（5）相序表的绝缘鳄口夹可用于夹取、检测直径在 2.4～30mm 的绝缘电线。

（6）在使用相序表时，若当三相输入线中有一条线接电时，表内就会带电，因此在打开机壳前一定要切断电源。

七、绝缘电阻测试仪

1. 主要作用

绝缘电阻测试仪是一种专门用来测量电气设备及线路的绝缘电阻。表计的显示有指针式和数字式两种，测试的电压主要有 500、1000、2500、5000V 等，如图 3-65 所示。

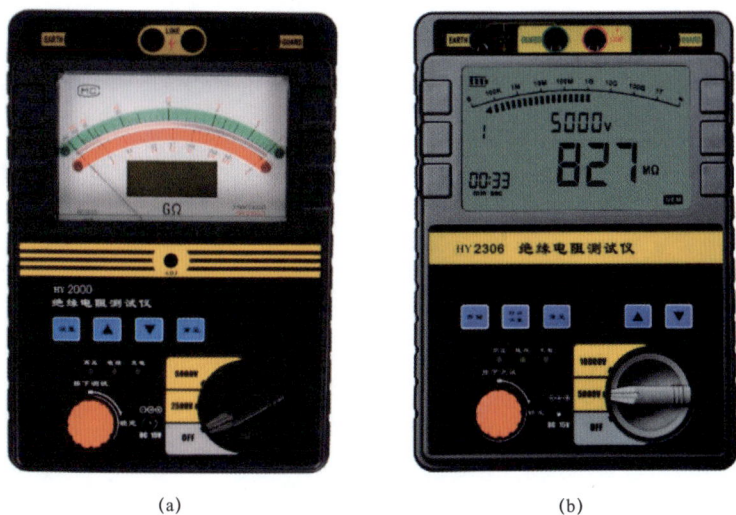

图 3-65　绝缘电阻测试仪
（a）指针式绝缘电阻测试仪；（b）数字式绝缘电阻测试仪

2. 使用方法及注意事项

（1）表计有三个测量端钮，线路端钮（L）、接地端钮（E）、屏蔽端钮（G）。一般测量绝缘电阻时，只用 L 端和 E 端，L 端接到被测设备的火端或相端，E 端接到被测设备的地端。在测量电缆对地绝缘电阻时或被测设备的泄漏电流严重时，使用 G 端钮。

（2）线路接好后，先选择表计的测量电压挡位，低压设备或线路可选择 1000V 及以下挡位，再将电源按钮顺时针方向旋转至锁定状态，等表计的指针或数字稳定后读取测量数据。

（3）被测设备或线路测试前，应断开电源。

（4）测量电容较大的电机、变压器、电缆、电容器时，应对其进行充分放电，以保证人身安全和测量准确。

（5）绝缘电阻测试过程中，被测设备或线路上不能有人工作。

（6）测量前，应先将表计进行一次开路和短路试验，检查绝缘电阻表是否良好。开路时指针或数字应处于"∞"，短路时指针或数字应处于"0"，则说明表计是良好的，否则表计有误差或损坏。

（7）禁止在雷电时或附近有高压导体的设备上测量绝缘。

（8）表计电源未关闭前，切勿用手触及设备的测量部分或表计接线柱。拆线时，也不可直接触及引线的裸露部分。

第四章

低压配电网不停电作业
典型案例

第一节　0.4kV 带电接分支线路引线

一、主要工器具

本项目使用的主要工器具包括低压带电作业车、防电弧服、双控背带式安全带、绝缘毯等。

防电弧服

低压带电作业车

绝缘毯

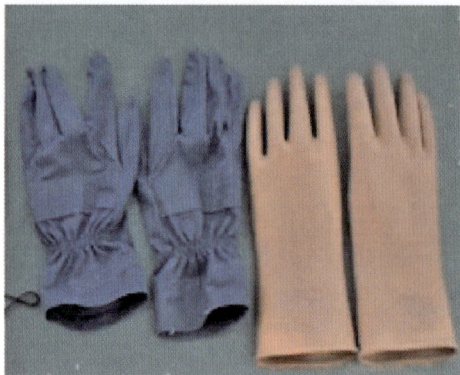

防电弧手套、绝缘手套

二、作业前准备

1. 现场复勘

现场复勘的目的是工作班在现场确认开展本项作业的各项条件，如气象条件（1）、现场装置条件及确认线路为空载状态（2）等。

（1）确认气象条件

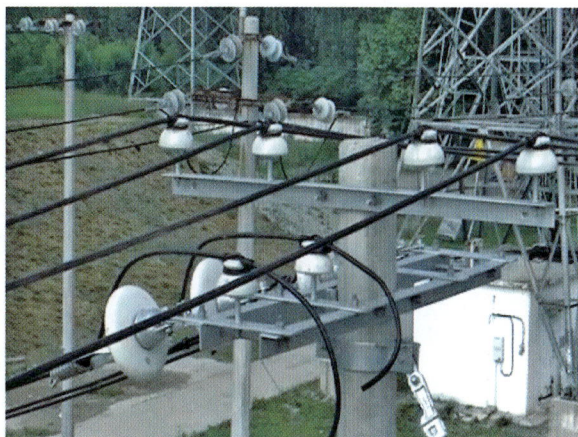

（2）现场装置条件

注意事项：

（1）确认待接线路为空载，线路上无人工作，绝缘良好，且无倒送电的可能。

（2）风力不大于 5 级，相对湿度不大于 80%。

2. 工作许可

与设备运行单位申请许可工作，汇报工作负责人姓名、工作地点、线路名称杆号、工作任务、装置情况等满足不停电作业要求。

3. 现场站班会

工作负责人现场组织召开站班会，向班组成员进行"三交三查"，即交待"工作任务、安全和技术"，查"精神状态、着装、个人安全措施的落实情况"。

143

4. 清洁检查工器具

（1）检查绝缘工器具。

1）检查绝缘工器具外观，并清洁。

2）查看试验合格证。

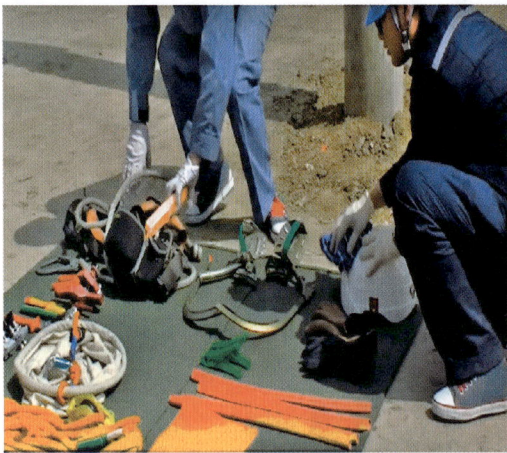

注意事项：

绝缘工器具应在试验周期内。

（2）检查低压带电作业车。

低压带电作业车停放在最佳作业位置后，支腿稳固，检查低压带电作业车绝缘件的外观并清洁，进行空斗试操作。

（3）检查个人防护用具

1）斗内电工对安全带做冲击试验。

2）斗内电工穿好防电弧服。

注意事项：

应穿防电弧能力不小于 6.8cal/cm² 的分体防弧光工作服，戴相应防护等级的防电弧面屏。

三、作业过程

1. 进入作业区域

作业人员操作低压带电作业车外沿的运动速度不应超过 0.5m/s。

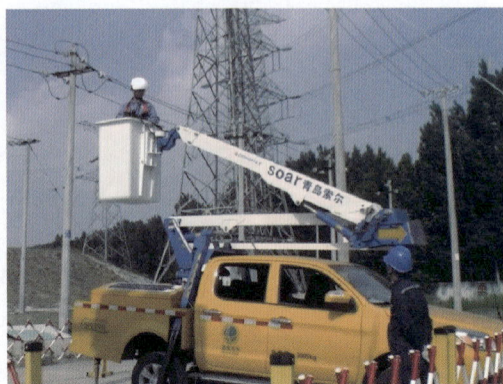

注意事项：

低压带电作业车金属部分应与带电部位保持足够的安全距离。

2. 验电

作业人员穿戴好防刺穿、绝缘、防电弧的手套后，使用声光验电器对低压线路进行验电，确认相序。

注意事项：

确认相线、零线，并进行标记。

3. 设置绝缘遮蔽措施

作业人员按照由近到远的原则对作业范围内的带电体进行绝缘遮蔽。

注意事项：

对作业范围内的带电体和接地体等所有设备应设置绝缘遮蔽措施。

4. 剥除导线氧化层并清除氧化层

（1）测量分支线路引线长度，剪去多余部分导线。

（2）剥除绝缘导线绝缘层。

（3）清除导线氧化层。

(1)

(2)

(3)

5. 接分支线路引线

（1）按照"先接零线，后接相线"、"由远到近"的顺序依次搭接分支线路引线。一相搭接完毕后，及时安装线夹绝缘护罩。

（2）及时恢复作业范围内带电体的绝缘遮蔽。

(1)

(2)

注意事项：

搭接引线时，作业人员必须戴防电弧面屏。

6. 拆除绝缘遮蔽措施

作业人员按照与设置绝缘遮蔽措施相反的顺序拆除绝缘遮蔽措施。

四、工作结束

1. 收工会

工作负责人组织班组成员列队召开收工会，对工作质量和安全质量进行总结，做得好的地方给予肯定表扬，不足之处进行批评指正。

2. 工作终结

工作负责人进行工作终结，与设备运行单位联系，报告工作已经结束，工作人员已撤离杆塔，设备恢复正常运行状态，填写终结工作票。

第二节　0.4kV 带负荷处理线夹发热

一、主要工器具

本项目使用的主要工器具包括低压带电作业车、防电弧服、双控背带式安全带、绝缘毯、绝缘引流线等。

低压带电作业车

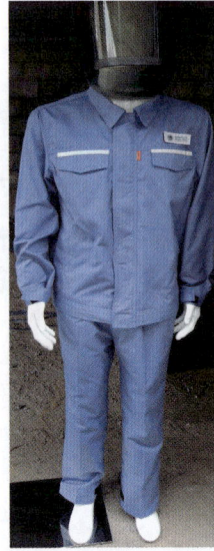

防电弧服

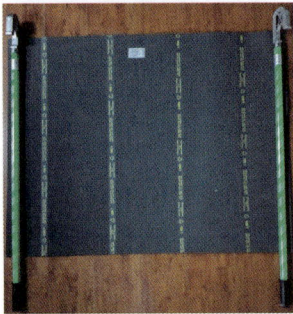

绝缘毯

绝缘引流线

二、作业前准备

1. 现场复勘

现场复勘的目的是工作班在现场确认开展本项作业的各项条件，如气象条件（1）、现场装置条件（2）、确认线路负荷电流和对发热线夹进行测温等。

（1）

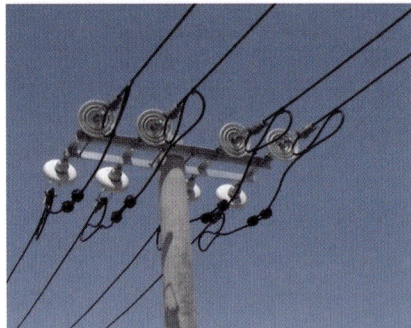

（2）

注意事项：

（1）确认绝缘引流线通流能力满足线路通流能力。

（2）确认发热线夹温度满足不停电作业要求。

（3）风力不大于 5 级，相对湿度不大于 80%。

2. 工作许可

与设备运行单位申请许可工作，汇报工作负责人姓名、工作地点、线路名称杆号、工作任务、装置情况等满足不停电作业要求。

3. 现场站班会

工作负责人现场组织召开站班会，向班组成员进行"三交三查"，即交待"工作任务、安全和技术"，查"精神状态、着装、个人安全措施的落实情况"。

4. 清洁检查工器具

（1）检查绝缘工器具。

1）检查绝缘工器具外观，并清洁。

2）查看试验合格证。

1)

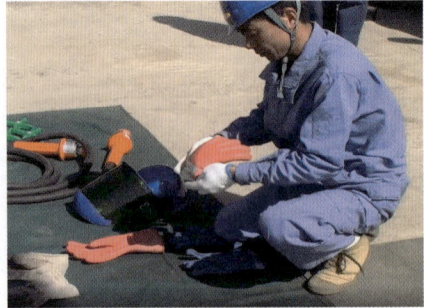

2)

注意事项：

绝缘工器具应在试验周期内。

（2）检查低压带电作业车。

低压带电作业车停放在最佳作业位置后，支腿稳固，检查低压带电作业车绝缘件的外观并清洁，进行空斗试操作。

（3）检查个人防护用具。

1）斗内电工对安全带做冲击试验。

2）斗内电工穿好防电弧服。

注意事项：

应穿防电弧能力不小于 6.8cal/cm^2 的分体防弧光工作服，戴相应防护等级的防电弧面屏。

三、作业过程

1. 进入作业区域

操作低压带电作业车外沿的运动速度不应超过 0.5m/s。

注意事项：

低压带电作业车金属部分应与带电部分保持足够的安全距离。

2. 验电

作业人员穿戴好防刺穿、绝缘、防电弧的手套后，使用声光验电器对低压线路进行验电，确认相序。

注意事项：

确认装置无漏电现象。

3. 检测电流

检测线路电流，确定绝缘引流线通流能力满足导线通流能力。

4. 设置绝缘遮蔽措施

作业人员按照"由近到远"的原则设置绝缘遮蔽。

注意事项：

对作业范围内的带电体和接地体等所有设备进行设置绝缘遮蔽措施。

5. 安装绝缘引流线

（1）安装绝缘引流线固定架。

（2）剥除导线绝缘层。

（3）清除氧化层。

（4）安装绝缘引流线。

(1)   (2)

(3)　　　　　　　　　　　　　　　　(4)

注意事项：

安装绝缘引流线时，作业人员必须戴防电弧面屏。

6. 检测绝缘引流线通流情况

作业人员用钳型电流表检测绝缘引流线的电流以确认分流情况，监测点应不少于 2 点（如主导线、绝缘引流线、引线），绝缘引流线数值应明确其通流情况良好。

7. 更换发热线夹

确认发热线夹温度满足作业要求后：

（1）安装双头锁杆固定引线。

（2）拆除发热线夹。

（3）清除导线氧化层。

（4）安装新线夹。

(1)

(2)

(3)

(4)

8. 检测线夹通流情况

作业人员用钳型电流表检测分流情况，监测点应不少于 2 点（如主导线、绝缘引流线、引线），线路引流线数值应明确其通流情况良好。

9. 拆除绝缘引流线

（1）拆除绝缘引流线。

（2）恢复主导线绝缘层。

(1)   (2)

10. 拆除绝缘遮蔽措施

作业人员应按照与设置绝缘遮蔽措施相反的顺序拆除绝缘遮蔽措施。

四、工作结束

1. 收工会

工作负责人组织班组成员列队召开收工会，对工作质量和安全质量进行总结，做得好的地方给予肯定表扬，不足之处进行批评指正。

2. 工作终结

工作负责人进行工作终结，与设备运行单位联系，报告工作已经结束，工作人员已撤离杆塔，设备恢复正常运行状态，填写终结工作票。

第三节 0.4kV 低压配电柜（房）带电更换低压开关

一、主要工器具

本项目使用的主要工器具包括防电弧服、绝缘遮蔽用具、低压绝缘工器具等。

防电弧服

绝缘隔板

绝缘护套

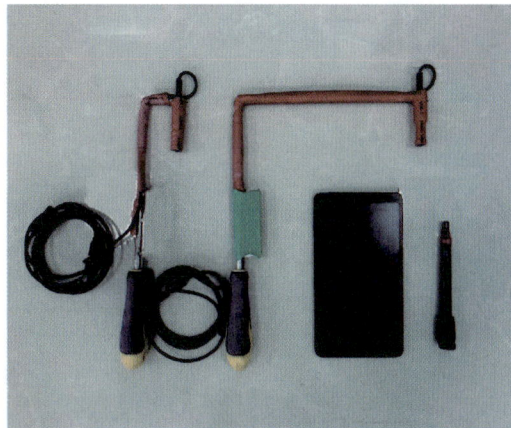

低压绝缘工器具

二、作业前准备

1. 现场复勘

现场复勘的目的是工作班在现场确认开展本项作业的各项条件，如检修工作任务、地点、低压开关型号、现场装置条件等。

注意事项：

（1）接触箱体前先确认箱体无漏电现象。

（2）确认待更换低压断路器在分位。

2. 工作许可

与设备运行单位申请许可工作，汇报工作负责人姓名、工作地点、线路名称杆号、工作任务、装置情况等满足不停电作业要求。

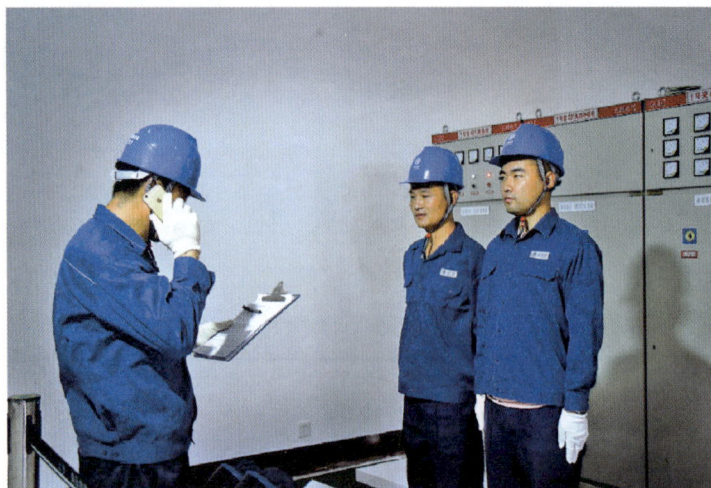

3. 现场站班会

工作负责人现场组织召开站班会，向班组成员进行"三交三查"，即交代"工作任务、安全和技术"和查"精神状态、着装、个人安全措施的落实情况"。

4. 清洁检查工器具

（1）检查绝缘工器具外观，并清洁。

（2）查看试验合格证。

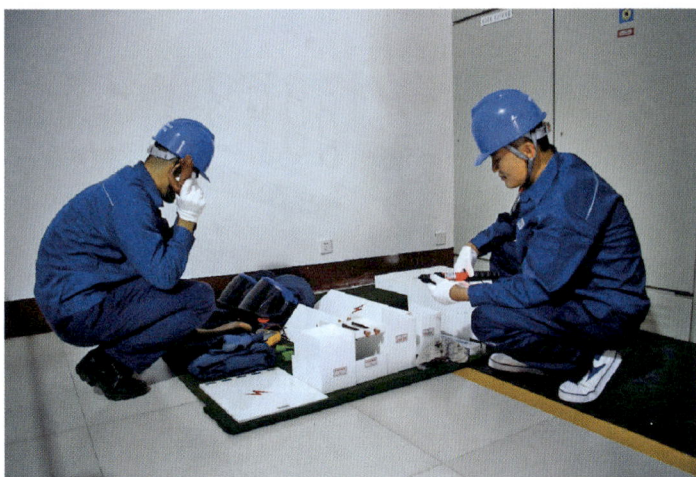

注意事项：

绝缘工器具应在试验周期内。

5. 检查个人防护用具

检查防电弧服外观是否有破损及型号。

注意事项：

防电弧能力不小于 25.6cal/cm² 的防电弧服，戴相应防护等级的防电弧面屏。

三、作业过程

1. 验电

作业人员对待更换低压断路器两侧验电，确认负荷侧无电。

2. 加装绝缘隔离措施

按照由近及远的顺序设置绝缘隔离措施。

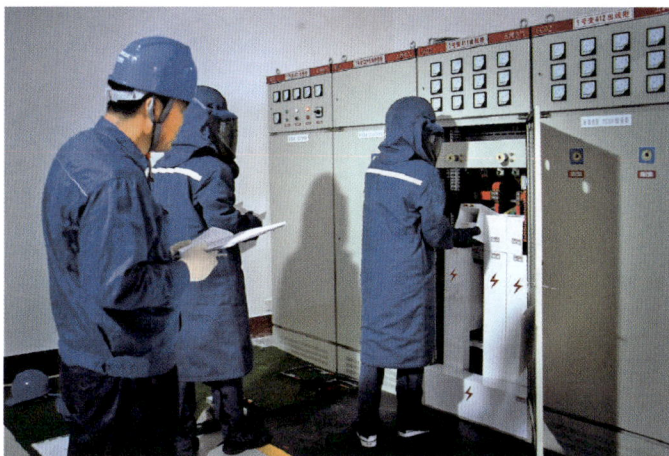

3. 拆除进出线端子

确认待更换低压开关在分闸位置，将其进、出线端子拆除，做好标记，并对其绝缘遮蔽。

注意事项：

（1）拆除接线端子时，应先出线后进线、先相线后零线。

（2）进出线拆除后立即用黄绿红胶带做好标记。

（3）作业时应穿全套的安全防护用具（防电弧服等）。

4. 更换低压断路器，接进、出线端子

确认新更换的低压断路器在分闸位置，接进、出线端子时应按照与拆除相反的顺序进行。

注意事项：

按照原接线方式连接进出线。

5. 合上低压断路器

作业人员合上已经更换的低压断路器。

注意事项：

合断路器前应确认出线侧绝缘良好，无人工作，并进行验电，确认无返送电。

6. 拆除绝缘隔离措施，检查确认检修合格并无遗留物等

作业人员按照与安装相反的顺序拆除绝缘隔离措施。

四、工作结束

1. 工作负责人检查作业质量

工作负责人应进行全面作业质量检查，确保装置无缺陷符合运行条件。

2. 召开收工会

工作负责人组织班组成员列队召开收工会，对工作质量和安全质量进行总结，做得好的地方给予表扬肯定，不足之处进行批评指正。

3. 工作终结

工作负责人进行工作终结，与设备运行单位联系，报告工作已经结束，工作人员已撤离杆塔，设备恢复正常运行状态，终结工作票。